21世纪高等学校规划教材 | 计算机应用

Visual Basic 学习指导与习题汇编

刘湘雯 刘素敏 刘颖 编著

清华大学出版社
北京

内 容 简 介

本书作为《Visual Basic 程序设计教程》一书的配套习题集，包含了各章节的知识点、重点和难点的总结，典型例题解析及与教材配套的同步练习，同步练习题有对基本概念的考核、重点知识的测试以及综合应用能力提高的试题，最后附有参考答案，供读者进行平时练习，检验自己对知识点的掌握程度。

本书可作为本专科学生学习 Visual Basic 语言的辅助教材，也适用于自学者巩固和提高 Visual Basic 知识。

图书在版编目(CIP)数据

Visual Basic 学习指导与习题汇编/刘湘雯，刘素敏，刘颖编著．--北京：清华大学出版社，2011.1
(21 世纪高等学校规划教材・计算机应用)
ISBN 978-7-302-24598-8

Ⅰ．①V…　Ⅱ．①刘…　②刘…　③刘…　Ⅲ．①BASIC 语言－程序设计－高等学校－教学参考资料　Ⅳ．①TP312

中国版本图书馆 CIP 数据核字(2010)第 248675 号

责任编辑：付弘宇
责任校对：白　蕾
责任印制：王秀菊
出版发行：清华大学出版社　　**地　址**：北京清华大学学研大厦 A 座
http://www.tup.com.cn　　**邮　编**：100084
社 总 机：010-62770175　　**邮　购**：010-62786544
投稿与读者服务：010-62795954，jsjjc@tup.tsinghua.edu.cn
质 量 反 馈：010-62772015，zhiliang@tup.tsinghua.edu.cn
印 装 者：北京市清华园胶印厂
经　销：全国新华书店
开　本：185×260　**印　张**：11　**字　数**：268 千字
版　次：2011 年 1 月第 1 版　　**印　次**：2011 年 1 月第1 次印刷
印　数：1～3000
定　价：19.00 元

产品编号：034858-01

编审委员会成员

（按地区排序）

出版说明

随着我国改革开放的进一步深化，高等教育也得到了快速发展，各地高校紧密结合地方经济建设发展需要，科学运用市场调节机制，加大了使用信息科学等现代科学技术提升、改造传统学科专业的投入力度，通过教育改革合理调整和配置了教育资源，优化了传统学科专业，积极为地方经济建设输送人才，为我国经济社会的快速、健康和可持续发展以及高等教育自身的改革发展做出了巨大贡献。但是，高等教育质量还需要进一步提高以适应经济社会发展的需要，不少高校的专业设置和结构不尽合理，教师队伍整体素质亟待提高，人才培养模式、教学内容和方法需要进一步转变，学生的实践能力和创新精神亟待加强。

教育部一直十分重视高等教育质量工作。2007 年 1 月，教育部下发了《关于实施高等学校本科教学质量与教学改革工程的意见》，计划实施"高等学校本科教学质量与教学改革工程(简称'质量工程')"，通过专业结构调整、课程教材建设、实践教学改革、教学团队建设等多项内容，进一步深化高等学校教学改革，提高人才培养的能力和水平，更好地满足经济社会发展对高素质人才的需要。在贯彻和落实教育部"质量工程"的过程中，各地高校发挥师资力量强、办学经验丰富、教学资源充裕等优势，对其特色专业及特色课程(群)加以规划、整理和总结，更新教学内容、改革课程体系，建设了一大批内容新、体系新、方法新、手段新的特色课程。在此基础上，经教育部相关教学指导委员会专家的指导和建议，清华大学出版社在多个领域精选各高校的特色课程，分别规划出版系列教材，以配合"质量工程"的实施，满足各高校教学质量和教学改革的需要。

为了深入贯彻落实教育部《关于加强高等学校本科教学工作，提高教学质量的若干意见》精神，紧密配合教育部已经启动的"高等学校教学质量与教学改革工程精品课程建设工作"，在有关专家、教授的倡议和有关部门的大力支持下，我们组织并成立了"清华大学出版社教材编审委员会"(以下简称"编委会")，旨在配合教育部制定精品课程教材的出版规划，讨论并实施精品课程教材的编写与出版工作。"编委会"成员皆来自全国各类高等学校教学与科研第一线的骨干教师，其中许多教师为各校相关院、系主管教学的院长或系主任。

按照教育部的要求，"编委会"一致认为，精品课程的建设工作从开始就要坚持高标准、严要求，处于一个比较高的起点上；精品课程教材应该能够反映各高校教学改革与课程建设的需要，要有特色风格、有创新性(新体系、新内容、新手段、新思路，教材的内容体系有较高的科学创新、技术创新和理念创新的含量)、先进性(对原有的学科体系有实质性的改革和发展，顺应并符合 21 世纪教学发展的规律，代表并引领课程发展的趋势和方向)、示范性(教材所体现的课程体系具有较广泛的辐射性和示范性)和一定的前瞻性。教材由个人申报或各校推荐(通过所在高校的"编委会"成员推荐)，经"编委会"认真评审，最后由清华大学出版社审定出版。

目前，针对计算机类和电子信息类相关专业成立了两个“编委会”，即“清华大学出版社计算机教材编审委员会”和“清华大学出版社电子信息教材编审委员会”。推出的特色精品教材包括：

(1) 21世纪高等学校规划教材·计算机应用——高等学校各类专业，特别是非计算机专业的计算机应用类教材。

(2) 21世纪高等学校规划教材·计算机科学与技术——高等学校计算机相关专业的教材。

(3) 21世纪高等学校规划教材·电子信息——高等学校电子信息相关专业的教材。

(4) 21世纪高等学校规划教材·软件工程——高等学校软件工程相关专业的教材。

(5) 21世纪高等学校规划教材·信息管理与信息系统。

(6) 21世纪高等学校规划教材·财经管理与计算机应用。

(7) 21世纪高等学校规划教材·电子商务。

清华大学出版社经过二十多年的努力，在教材尤其是计算机和电子信息类专业教材出版方面树立了权威品牌，为我国的高等教育事业做出了重要贡献。清华版教材形成了技术准确、内容严谨的独特风格，这种风格将延续并反映在特色精品教材的建设中。

清华大学出版社教材编审委员会

联系人：魏江江

E-mail：weijj@tup.tsinghua.edu.cn

前言

本书是为《Visual Basic 程序设计》编写的配套教学用书，可帮助读者复习课程的基本内容，检验基本概念和基本知识点的掌握程度，提高用 Visual Basic 语言解决实际问题的应用能力。

本书共分为 11 章。各章主要内容如下。

- 知识点总结：总结每一章的主要知识点。
- 重点与难点总结：列出每一章的重点和难点知识。
- 试题解析：精选与知识点相对应的典型试题并作详细分析解答。
- 同步练习：章节配套练习题进行自我检测，书后附有参考答案。

本书由江苏大学刘湘雯主编，刘素敏编写了第 5 章并参与了第 1～3、5、6 章的前期工作，刘颖参与了本书后期内容的选定、编排工作。同时，衷心地感谢江苏大学鲍可进教授、朱娜教授和南通大学的程显毅教授对 Visual Basic 系列教材的关心和帮助。

由于编者水平和经验有限，编写时间仓促，书中难免会有不妥甚至错误之处，敬请读者提出宝贵的意见，给编者发邮件至 liuxw@ujs. edu. cn。

编　者

2010 年 9 月于江苏大学

目录

第1章　Visual Basic 程序设计语言导论 …… 1
1.1　知识点总结 …… 1
1.2　重点与难点总结 …… 4
1.3　试题解析 …… 4
1.4　同步练习 …… 4
第2章　对象及其操作 …… 6
2.1　知识点总结 …… 6
2.2　重点与难点总结 …… 9
2.3　试题解析 …… 9
2.4　同步练习 …… 10
第3章　窗体与基本控件的使用 …… 12
3.1　知识点总结 …… 12
3.2　重点与难点总结 …… 20
3.3　试题解析 …… 20
3.4　同步练习 …… 23
第4章　程序设计基础 …… 36
4.1　知识点总结 …… 36
4.2　重点与难点总结 …… 39
4.3　试题解析 …… 40
4.4　同步练习 …… 42
第5章　Visual Basic 的数据类型 …… 43
5.1　知识点总结 …… 43
5.2　重点与难点总结 …… 51
5.3　试题解析 …… 51
5.4　同步练习 …… 54
第6章　控制结构 …… 61
6.1　知识点总结 …… 61

6.2 重点与难点总结 ………………………………………………………………………… 64
6.3 试题解析 ………………………………………………………………………………… 64
6.4 同步练习 ………………………………………………………………………………… 67

第7章 数组 ……………………………………………………………………………… 81

7.1 知识点总结 ……………………………………………………………………………… 81
7.2 重点与难点总结 ………………………………………………………………………… 84
7.3 试题解析 ………………………………………………………………………………… 84
7.4 同步练习 ………………………………………………………………………………… 89

第8章 子过程与函数过程 ………………………………………………………………… 98

8.1 知识点总结 ……………………………………………………………………………… 98
8.2 重点与难点总结 ………………………………………………………………………… 102
8.3 试题解析 ………………………………………………………………………………… 102
8.4 同步练习 ………………………………………………………………………………… 107

第9章 键盘与鼠标事件 …………………………………………………………………… 121

9.1 知识点总结 ……………………………………………………………………………… 121
9.2 重点与难点总结 ………………………………………………………………………… 122
9.3 试题解析 ………………………………………………………………………………… 122
9.4 同步练习 ………………………………………………………………………………… 124

第10章 菜单、通用对话框和多窗体 ……………………………………………………… 129

10.1 知识点总结 …………………………………………………………………………… 129
10.2 重点与难点总结 ………………………………………………………………………… 133
10.3 试题解析 ……………………………………………………………………………… 133
10.4 同步练习 ……………………………………………………………………………… 136

第11章 文件 ……………………………………………………………………………… 142

11.1 知识点总结 …………………………………………………………………………… 142
11.2 重点与难点总结 ………………………………………………………………………… 147
11.3 试题解析 ……………………………………………………………………………… 147
11.4 同步练习 ……………………………………………………………………………… 150

参考答案 …………………………………………………………………………………… 159

参考文献 …………………………………………………………………………………… 165

第1章 Visual Basic程序设计语言导论

1.1 知识点总结

1.1.1 Visual Basic 的特点和版本

1. 特点

Visual Basic(以下简称 VB)是一种可视化的、面向对象和采用事件驱动方式的结构化高级程序设计语言,可以高效、快速地开发出 Windows 环境下功能强大、图形界面丰富的应用软件系统。

Visual Basic 有以下主要特点:

- 可视化编程。
- 面向对象的程序设计。
- 结构化程序设计语言。
- 事件驱动编程机制。
- 访问数据库。

2. 版本

Visual Basic 6.0 是专门为 Microsoft 的 32 位 Windows 操作系统设计的,包括三种版本:学习版、专业版和企业版。三种版本适用于不同的用户层次。其中企业版功能最全,而专业版包括了学习版的功能。

1.1.2 Visual Basic 的启动与退出

1. 启动

可以有多种方法启动 Visual Basic。

【方法一】 使用"开始"菜单中的"程序"命令。

具体操作:单击"开始"按钮→鼠标移动到"开始"菜单的"程序"→鼠标移动到"程序"子菜单的"Microsoft Visual Basic 6.0 中文版"→单击子菜单的"Microsoft Visual Basic 6.0 中文版",即可进入 Visual Basic 6.0 开发环境。

【方法二】 使用"我的电脑"。

具体操作：双击“我的电脑”→在弹出的窗口中双击 VB 6.0 启动程序所在的硬盘驱动器盘符→在弹出的窗口中双击 VB 6.0 文件夹→在“VB 6.0”窗口中双击“VB 6.exe”图标，即可进入 Visual Basic 6.0 开发环境。

【方法三】 使用“运行”命令启动 Visual Basic。

具体操作：单击“开始”按钮→鼠标单击“开始”菜单的“运行”命令→在“运行”对话框中输入 VB 6.0 启动文件名，如“C:\Program Files\Microsoft Visual Studio\VB98\VB6.EXE”→单击“确定”按钮，即可进入 Visual Basic 6.0 开发环境。

【方法四】 双击 Visual Basic 6.0 的快捷方式图标。

具体操作：建立 Visual Basic 6.0 的快捷方式→双击快捷方式图标，即可进入 Visual Basic 6.0 开发环境。

2. 退出

【方法一】 打开“文件”菜单，选择“退出”命令。

【方法二】 按快捷键 Alt＋Q。

【方法三】 单击系统控制菜单按钮，在打开的菜单中选择“关闭”命令。

1.1.3 Visual Basic 的主窗口

主窗口也称设计窗口，由标题栏、菜单栏和工具栏组成。

Visual Basic 6.0 提供了 4 种工具栏，包括编辑、标准、窗体编辑器和调试。一般情况下，集成开发环境中只显示标准工具栏，其他工具栏可以通过“视图”菜单中的“工具栏”命令打开。

1.1.4 其他窗口

1. 窗体设计器窗口

窗体设计器窗口简称窗体，是应用程序最终面向用户的窗口，各种图形、图像、数据等都是通过窗体或窗体中的控件显示出来的。

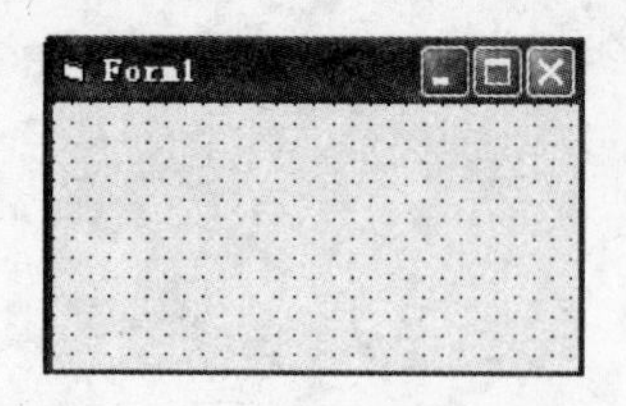

图 1.1 窗体

启动 Visual Basic 6.0 后，窗体的名字为 Form1，在窗体的左上角是窗体的标题，右上角有 3 个按钮，与 Windows 中普通窗口的按钮相同(见图 1.1)。

2. 工程资源管理器窗口

在工程资源管理器窗口中(见图 1.2)，可以显示一个 VB 应用程序(工程文件)所包含的所有模块文件。

工程资源管理器窗口中的文件共 6 类：窗体文件(.frm)、标准模块文件(.bas)、类模块文件(.cls)、工程文件(.vbp)、工程组文件(.vbg)和资源文件(.res)。

3. “属性”窗口

“属性”窗口(见图 1.3)是用来设置窗体或窗体中控件的属性的。

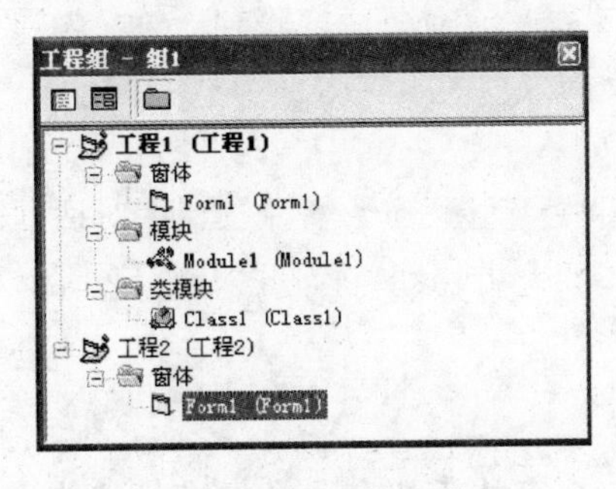

图 1.2　工程资源管理器窗口

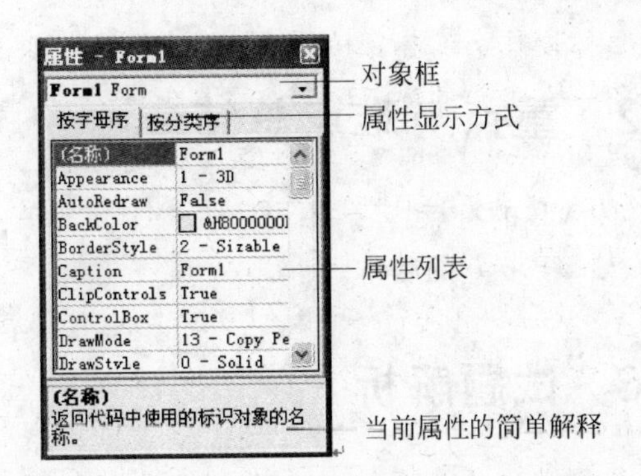

图 1.3　“属性”窗口

除窗口标题外，属性窗口分为 4 部分，分别为对象框、属性显示方式、属性列表和对当前属性的简单解释。

属性显示方式分为“按字母序”和“按分类序”两种。

4. 工具箱窗口

工具箱窗口由工具图标组成（见图 1.4）。这些图标是 Visual Basic 应用程序的构件，称为图形对象或控件。每个控件都由工具箱中的一个工具图标来表示。

工具箱中的控件分为两类：内部控件和 ActiveX 控件。工具箱中只有内部控件。

除上述窗口外，在 Visual Basic 6.0 的集成开发环境中，还有其他一些窗口，包括代码编辑器窗口（见图 1.5）、“窗体布局”窗口（见图 1.6）、“立即”窗口（见图 1.7）、“本地”窗口（见图 1.8）和“监视”窗口（见图 1.9）等。

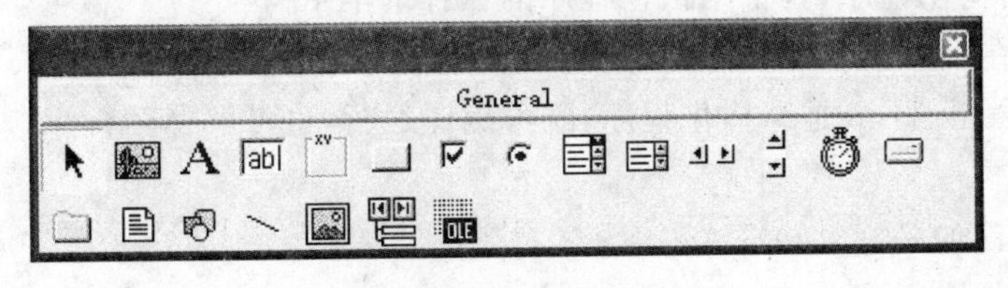

图 1.4　工具箱窗口

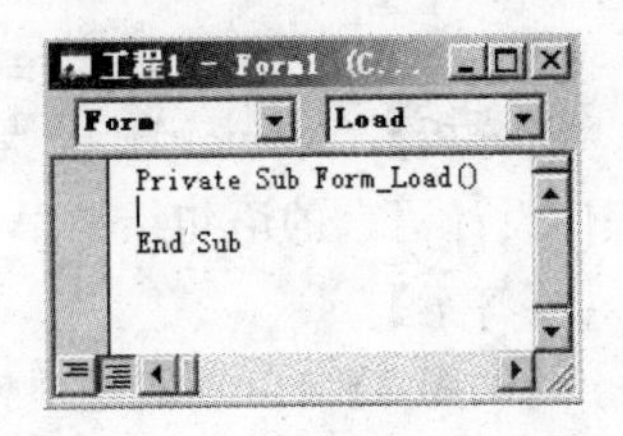

图 1.5　代码编辑器窗口

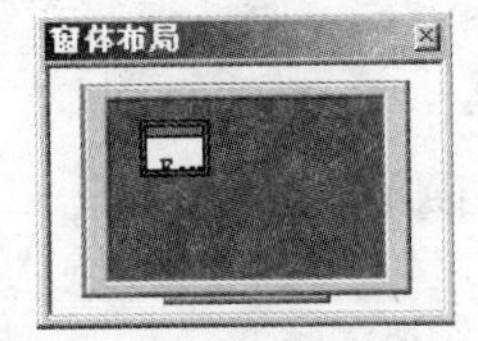

图 1.6　“窗体布局”窗口

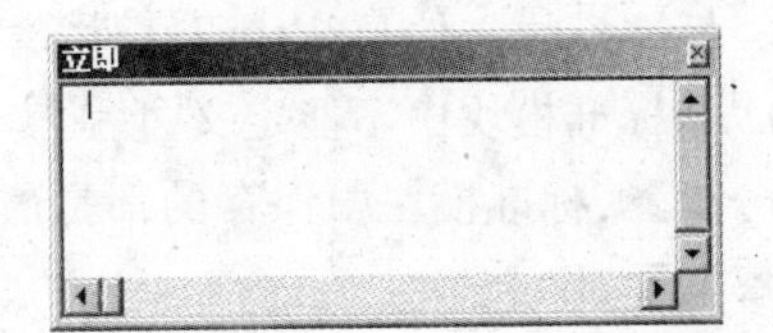

图 1.7　“立即”窗口

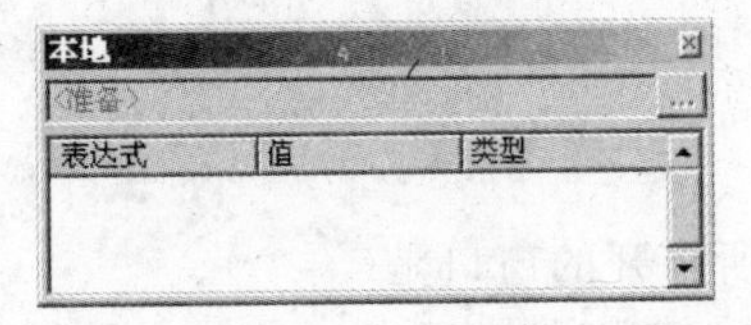

图 1.8　“本地”窗口

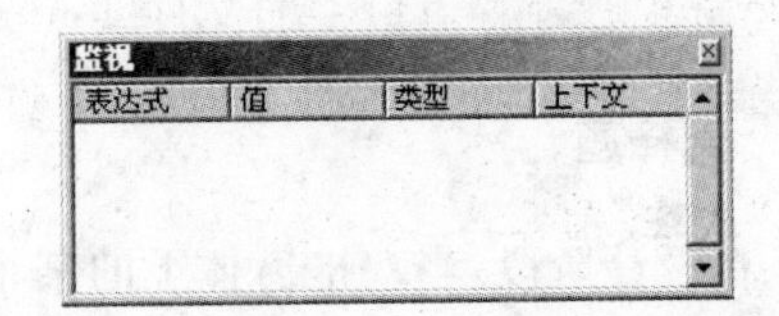

图 1.9　“监视”窗口

1.2 重点与难点总结

1. VB的特点。
2. VB 6.0的版本。

1.3 试题解析

【试题1】 假定一个Visual Basic应用程序由一个窗体模块和一个标准模块构成。为了保存该应用程序,以下操作正确的是(　　)。

A. 只保存工程文件
B. 分别保存窗体模块、标准模块和工程文件
C. 只保存窗体模块文件
D. 只保存窗体模块和工程文件

【分析】 一个VB程序也称为一个工程,它是由窗体、代码模块、自定义控件及应用所需的环境设置组成的。保存工程文件时,系统将把该工程的所有相关文件一起保存。

【答案】 B

【试题2】 以下关于Visual Basic特点的叙述中,错误的是(　　)。

A. 构成Visual Basic程序的多个过程没有固定的执行顺序
B. Visual Basic程序只能编译运行
C. Visual Basic是采用事件驱动编程机制的语言
D. Visual Basic程序是结构化程序,具备结构化程序的三种基本结构

【分析】 Visual Basic是在BASIC和QuickBASIC语言中发展起来的,因此具有高级程序设计语言的语句结构,Visual Basic是结构化程序,既可编译运行,也可解释运行。

【答案】 B

【试题3】 以下叙述中错误的是(　　)。

A. 标准模块文件的扩展名是".bas"
B. 在标准模块中声明的全局变量可以在整个工程中使用
C. 标准模块文件是纯代码文件
D. 在标准模块中不能定义过程

【分析】 标准模块中保存的都是通用过程,还包含相关的说明。

【答案】 D

1.4 同步练习

一、选择题

1. 在设计阶段,当双击窗体上的某个控件时,所打开的窗口是(　　)。

A. 工程资源管理器窗口　　　　B. 工具箱窗口

C. 代码窗口　　D. 属性窗口

2. 刚建立一个新的标准 EXE 工程后，不在工具箱中出现的控件是(　　)。

A. 单选按钮　　B. 图片框　　C. 通用对话框　　D. 文本框

3. VB 的启动有多种方法，下面不能启动 VB 的是(　　)。

A. 使用“开始”菜单中的“程序”命令

B. 使用“开始”菜单中的“运行”命令，在弹出的对话框中输入 VB 启动文件名

C. 使用“我的电脑”，在 VB 所在硬盘驱动器中找到相应的 VB 文件夹

D. 先打开 VB 的“文件”菜单，再按 Alt+Q 组合键

4. VB 的工程资源管理器可管理多种类型的文件，下面叙述不正确的是(　　)。

A. 窗体文件的扩展名为.frm，每个窗体对应一个窗体文件

B. 标准模块是一个纯代码性质的文件，它不属于任何一个窗体

C. 用户通过类模块来定义自己的类，每个类都用一个文件来保存，其扩展名为“.bas”

D. 资源文件是一种纯文本文件，可以用简单的文字编辑器来编辑

5. 通过(　　)窗口可以在设计时直观地调整窗体在屏幕上的位置。

A. 代码编辑器　　B. “窗体布局”

C. 窗体设计器　　D. “属性”

6. 下列不能打开“属性”窗口的操作是(　　)。

A. 按 F4 键　　B. 执行“视图”菜单中的“属性窗口”命令

C. 按 Ctrl+T 组合键　　D. 单击工具栏上的“属性窗口”图标

7. Visual Basic 6.0 默认的工具栏是(　　)工具栏。

A. 文件　　B. 数据库　　C. 格式　　D. 标准

8. 下列可以打开“文件”对话框的操作是(　　)。

A. 按 Ctrl+D 组合键　　B. 按 Ctrl+E 组合键

C. 按 Ctrl+F 组合键　　D. 按 Ctrl+G 组合键

9. 以下不能在“工程资源管理器”窗口中列出的文件类型是(　　)。

A. .bas　　B. .res　　C. .frm　　D. .ocx

10. 以下不属于 Visual Basic 系统的文件类型是(　　)。

A. .frm　　B. .bat　　C. .vbg　　D. .vbp

对象及其操作

2.1 知识点总结

2.1.1 对象

1. 什么是对象

对象是具有特殊属性和行为方式的实体。建立一个对象后，其操作通过与该对象有关的属性、事件和方法来描述。窗体和控件是 Visual Basic 中预定义的对象。

2. 对象的属性

属性是一个对象的特征，不同的对象有不同的属性。

除了用“属性”窗口设置对象属性外，也可以在程序中用程序语句设置，一般格式为：

对象名.属性名称 = 新设置的属性值

3. 对象能响应的事件

Visual Basic 是采用事件驱动编程机制的语言。

事件是由 Visual Basic 预先设置好的、能够被对象识别的动作。

不同的对象能够识别的事件也不一样。当事件由用户触发或由系统触发时，对象就会对该事件做出响应。

4. 对象的方法

在面向对象程序设计中，引入了称为方法的特殊过程和函数。方法的操作与过程、函数的操作相同，但方法是特定对象的一部分，其调用格式为：

对象名.方法名

2.1.2 控件

控件以图标的形式放在“工具箱”中，每种控件都有与之对应的图标。启动 Visual Basic 后，工具箱位于窗体的左侧。

1. 控件分类

Visual Basic 6.0 的控件分为以下 3 类：

- 标准控件(也称内部控件)。
- ActiveX 控件。
- 可插入对象。

2. 控件的命名和控件值

(1) 控件的命名

每个窗体和控件都有一个名字，这个名字就是窗体和控件的 Name 属性值。在应用程序中使用约定的前缀，可以提高程序的可读性。

(2) 控件值

Visual Basic 为每个控件规定了一个默认属性，在设置默认属性时，不必给出属性名，通常把这个属性称为控件的值。如文本框(TextBox)的默认属性是 Text 属性，因此在对一个文本框 Text1 的 Text 属性设置值时，通常程序语句可设置为：Text1＝"Visual Basic 6.0"。

3. 控件的画法和基本操作

(1) 画法

【画法一】 单击工具箱上某控件图标；移动鼠标到窗体上；按下鼠标左键，拖动鼠标至合适大小后释放鼠标。

【画法二】 双击工具箱上某控件图标，就可在窗体中央画出该控件。

(2) 基本操作

控件的基本操作有以下 4 种：

① 控件的缩放和移动。

② 控件的复制和删除。

③ 通过"属性"窗口改变对象的位置和大小。

④ 选择控件。选择多个控件时，可以采用两种方法。

【方法一】 按住 Shift 键，用鼠标单击每一个要选中的控件。

【方法二】 拖动鼠标在窗体上画出一个虚线矩形框，包含到矩形框中的控件可全部被选中。

2.1.3 Visual Basic 的几个语句

Visual Basic 中的语句是执行具体操作的指令，每个语句以回车键结束。

Visual Basic 中可以使用多种语句。早期 BASIC 版本中的某些语句(如 PRINT 等)，在 Visual Basic 中称为方法，而有些语句(如流程控制、赋值、注释、结束、暂停等)仍称为语句。

1. 赋值语句

用赋值语句可以把指定的值赋给某个变量或某个带有属性的对象。

格式：[Let]目标操作符 = 源操作符

2. 注释语句

格式：Rem 注释内容 或 '注释内容

3. 暂停语句(Stop)

格式：Stop

4. 结束语句(End)

格式：End

2.1.4 Visual Basic 应用程序开发

1. 用 Visual Basic 开发应用程序的一般步骤

在用 Visual Basic 开发应用程序时，需要以下 3 步。

(1) 建立可视用户界面。

(2) 设置可视界面特性。

(3) 编写事件驱动代码。

2. 程序的保存、装入和运行

(1) 程序的保存

Visual Basic 应用程序可以保存以下 4 种类型的文件：

- 单独的窗体文件，扩展名为“.frm”。
- 公用的标准模块文件，扩展名为“.bas”。
- 类模块文件，扩展名为“.cls”(本书不涉及类模块文件)。
- 工程文件，由若干个窗体和模块组成，扩展名为“.vbp”。

(2) 程序的装入

只要装入工程文件，就可以自动把与该工程有关的其他 3 类文件(窗体文件、标准模块文件、类模块文件)装入内存。

(3) 程序的运行

Visual Basic 应用程序可以在两种模式下运行，一种是解释运行模式，另一种是编译运行模式。

3. Visual Basic 应用程序的构成与工作方式

(1) Visual Basic 应用程序的构成

Visual Basic 应用程序通常由 3 类模块组成，即窗体模块、标准模块和类模块。

(2) Visual Basic 应用程序的工作方式——事件驱动

事件是可以由窗体或控件识别的操作。事件驱动应用程序的典型操作序列如下。

① 启动应用程序，加载和显示窗体。

② 窗体或窗体上的控件等待接收事件。

③ 如果相应的事件过程中存在代码，则执行该代码。

④ 应用程序等待下一次事件。

2.2　重点与难点总结

1. 对象的三个要素。
2. 标准控件中控件值的概念及常用控件的值。
3. 赋值语句的应用。
4. 开发应用程序的操作步骤。
5. 应用程序的构成与工作方式。

2.3　试题解析

【试题1】　为了清除窗体上的一个控件，下列操作正确的是(　　)。

A. 按回车键

B. 按 Del 键

C. 选择(单击)要清除的控件，然后按 Del 键

D. 选择(单击)要清除的控件，然后按 Esc 键

【分析】　删除窗体上的某些控件，要先将这些控件选中，然后按 Del 键即可。

【答案】　C

【试题2】　以下叙述中错误的是(　　)。

A. 在 Visual Basic 中，对象所能响应的事件是由系统定义的

B. 对象的任何属性可以通过“属性”窗口和程序语句两种方式设定

C. Visual Basic 中的不同对象具有一些相同的属性

D. Visual Basic 中允许不同对象使用相同名称的方法

【分析】　大部分属性既可以通过“属性”窗口设置，也可以通过程序代码来进行设置，而有些属性只能使用程序代码或者“属性”窗口设置，如 Name 属性只能通过“属性”窗口来进行设置。

【答案】　B

【试题3】　以下叙述中错误的是(　　)。

A. 事件是由用户触发的

B. 当程序运行时，双击一个窗体，则触发该窗体的 DblClick 事件

C. Visual Basic 中对象的方法是由系统定义的

D. 打开一个工程文件时，系统自动装入与该工程有关的窗体、标准模块等文件

【分析】　Visual Basic 中对象能够响应的事件可由用户触发，也可由系统触发(如窗体的 Load 事件)。

【答案】　A

【试题4】　以下叙述中错误的是(　　)。

A. 一个工程可以包括多种类型的文件

B. Visual Basic 中的模块相互是独立的

C. 程序运行后,在内存中只能驻留一个窗体

D. 窗体文件包含窗体及其控件的属性

【分析】 一个 Visual Basic 应用程序中可以包括多个窗体,构成多窗体程序。程序运行后,可以将多个窗体装入内存。所以 C 选项错误。

【答案】 C

2.4 同步练习

一、选择题

1. 如果要向工具箱中加入控件的部件,可以利用"工程"菜单中的(　　)命令。

A. 引用　　B. 部件　　C. 工程属性　　D. 加窗体

2. 以下关于窗体的描述中正确的是(　　)。

A. 只有用于启动的窗体可以有菜单

B. 窗体事件和其中所有控件事件的代码都放在窗体文件中

C. 窗体的名字和存盘的窗体文件名必须相同

D. 开始运行时窗体的位置只能是设计阶段时显示的位置

3. Visual Basic 中控件主要分为 3 类,下面不是 Visual Basic 中的控件类的是(　　)。

A. 标准控件　　B. ActiveX 控件　　C. 可插入控件　　D. 外部控件

4. 以下叙述中错误的是(　　)。

A. 双击鼠标可以触发 DblClick 事件

B. 窗体或控件的事件的名称可以由编程人员确定

C. 移动鼠标时,会触发 MouseMove 事件

D. 控件的名称可以由编程人员设定

5. 以下叙述中错误的是(　　)。

A. 在 Visual Basic 中,对象所能响应的事件是由系统定义的

B. 对象的任何属性既可以通过"属性"窗口设定,也可以通过程序语句设定

C. Visual Basic 中允许不同对象具有相同属性和方法

D. Visual Basic 中的对象具有自己的属性和方法

6. 有程序代码 Text1. Text = "Visual Basic",其中的 Text1、Text 和"Visual Basic"分别代表(　　)。

A. 对象、值、属性　　B. 对象、方法、属性

C. 对象、属性、值　　D. 属性、对象、值

7. 在 Visual Basic 中,系统的基本运行实体是(　　)。

A. 属性　　B. 对象　　C. 方法　　D. 事件

8. 创建 Visual Basic 应用程序的主要步骤是:①创建应用程序界面;②设置控件;③设置属性;④编写代码。其中正确的步骤是(　　)。

A. ①③④　　B. ①②④　　C. ②③④　　D. ①②③④

9. 工程文件的扩展名是(　　)。

A. .vbg　　B. .vbp　　C. .vbw　　D. .vbl

10. 一个窗体中带图片框控件(已装入图像)的 Visual Basic 应用程序,从文件上看,至少应该包括的文件有(　　)。

A. 窗体文件(.frm)、项目文件(.vbp/vbw)

B. 窗体文件(.frm)、项目文件(.vbp/vbw)和代码文件(.bas)

C. 窗体文件(.frm)、项目文件(.vbp/vbw)和模块文件(.bas)

D. 窗体文件(.frm)、项目文件(.vbp/vbw)和窗体的二进制文件(.frx)

11. Visual Basic 是面向(　　)的程序设计语言。

A. 窗口　　B. 方法　　C. 对象　　D. 过程

12. 能被对象所识别的动作和对象可执行的动作分别称为(　　)。

A. 事件 方法　　B. 方法 事件　　C. 事件 属性　　D. 过程 属性

13. 以下叙述中错误的是(　　)。

A. Visual Basic 是事件驱动型可视化编程工具

B. Visual Basic 应用程序不具有明显的开始和结束语句

C. Visual Basic 工具箱中的所有控件都具有宽度(Width)和高度(Height)属性

D. Visual Basic 中控件的某些属性只能在运行时设置

14. 以下叙述中错误的是(　　)。

A. 在工程资源管理器窗口中只能包含一个工程文件及属于该工程的其他文件

B. 以.bas 为扩展名的文件是标准模块文件

C. 窗体文件包含该窗体及其控件的属性

D. 一个工程中可以含有多个标准模块文件

15. 以下叙述中错误的是(　　)。

A. 打开一个工程文件时,系统自动装入与该工程有关的窗体、标准模块等文件

B. 保存 Visual Basic 程序时,应分别保存窗体文件及工程文件

C. Visual Basic 应用程序只能以解释方式执行

D. 事件可以由用户引发,也可以由系统引发

16. 以下关于 Visual Basic 特点的叙述中,错误的是(　　)。

A. Visual Basic 是采用事件驱动编程机制的语言

B. Visual Basic 程序既可以编译运行,也可以解释运行

C. 构成 Visual Basic 的多个过程没有固定的执行顺序

D. Visual Basic 程序不是结构化程序,不具备结构化的三种基本结构

二、填空题

1. Visual Basic 应用程序的两个基本特点是(　　)和(　　)。

2. 在 Visual Basic 中,由系统事先设定的、能被对象识别和响应的动作称为(　　)。

3. 在 Visual Basic 中,语句定义符 Rem 定义的是(　　)。

4. (　　)语句用来结束程序的执行。

第3章 窗体与基本控件的使用

3.1 知识点总结

1. 窗体

窗体结构与 Windows 下的窗口十分类似。在程序运行前(即设计阶段)称为窗体(见图 3.1);程序运行后也可以称为窗口。

(1) 常用属性

- AutoRedraw(自动重画):值为 True,表示当被覆盖的窗体重新显示时,该窗体上所有的图形都会自动刷新或重画;值为 False,表示须通过事件过程来设置这一操作。

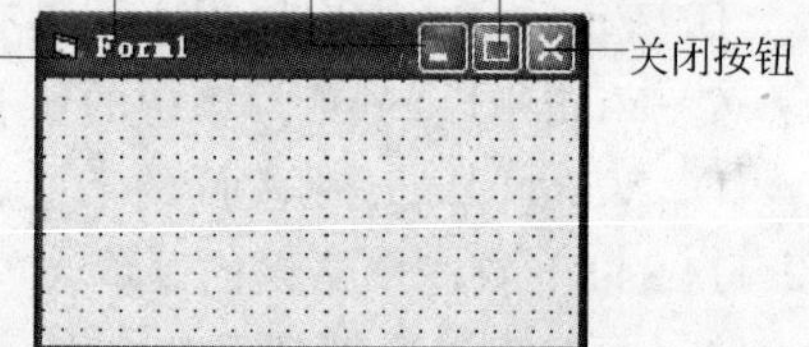

图 3.1 窗体结构

- BackColor(背景颜色):设置窗体的背景颜色。
- BorderStyle(边框类型):用于设置边框的类型,可设置的值见表 3.1。

表 3.1 窗体边框类型取值及其含义

值	含 义
0-None	无边框
1-Fixed Single	固定单边框。可包含控制菜单按钮、标题栏、"最大化"按钮、"最小化"按钮。只能用"最大化"按钮、"最小化"按钮改变大小
2-Sizable	(默认值)可调整的双线边框。窗体大小可变
3-Fixed Double	固定对话框。可包含控制菜单按钮、标题栏,但没有"最大化"按钮、"最小化"按钮,窗体大小不变,双线边框
4-Fixed ToolWindow	固定工具窗口。窗体大小不变,只显示"关闭"按钮
5-Sizable ToolWindow	可变大小工具窗口。窗体大小可变,只显示"关闭"按钮

BorderStyle 属性只能在设计阶段设置,不能在程序运行期间改变。

- Caption(标题):定义窗体标题。该属性可通过"属性"窗口在程序设计阶段设置,还可以在程序运行期间改变。通过程序代码设置时其格式为:

```
对象.Caption[ = 字符串 ]
```

例如：Form1.Caption＝"Visual Basic 6.0"

- ControlBox(控制框)：设置系统菜单的状态。
- Enabled(允许)：设置窗体或控件在程序运行期间是否有效。该属性可通过"属性"窗口在程序设计阶段设置，还可在程序运行期间改变。通过程序代码设置时其格式为：

```
对象.Enabled[ = Boolean值 ]
```

- Font(字体属性设置)：设置窗体或控件中输出字符的字体、大小等。包含有一组相关属性。
- ForeColor(前景颜色)：定义文本或图形的前景颜色。
- Height、Width(高、宽)：指定窗体的高度和宽度，单位为 Twip。这两个属性可通过"属性"窗口设置，还可通过程序代码设置，其格式为：

```
对象.Height[ = 数值 ]
对象.Width[ = 数值 ]
```

- Icon(图标)：设置窗体最小化时的图标。
- MaxButton、MinButton("最大化"按钮、"最小化"按钮)：显示窗体右上角的"最大化"按钮、"最小化"按钮。
- Name(名称)：定义对象名称。在程序运行期间，该属性不能改变。
- Picture(图形)：在对象中显示一个图形。
- Top、Left(顶边、左边位置)：设置对象的顶边、左边的坐标值，控制对象的位置。"对象"可以是窗体和大多数控件。如果是窗体，指的是窗体相对于屏幕顶边、屏幕左边的距离；如果是控件，指的是控件相对于窗体的顶边、左边的距离。
- Visible(可见性)：设置对象在程序运行期间是否可见。
- WindowState(窗口状态)：指定在程序运行期间窗口的可视状态，值为 0、1、2。

(2) 事件

与窗体有关的事件较多，其中常用的有以下几个。

- Click(单击)事件。单击窗体内某个空白位置时触发。
- DblClick(双击)事件。双击窗体内某个空白位置时触发。
- Load(装入)事件。程序运行后，装载一个窗体时，自动触发该事件。启动程序时用该事件过程对属性和变量进行初始化。
- Unload(卸载)事件。从内存中清除一个窗体时触发。
- Activate(活动)、Deactivate(非活动)事件。一个窗体变为活动窗口时触发 Activate 事件，一个对象不再是活动窗口时触发 Deactivate 事件。
- Paint(绘画)事件。当窗体被移动或放大后，或一个被覆盖的窗体部分或全部显示出来后，触发该事件。

(3) 方法

窗体常用的方法有以下几个。

- Show(显示)。显示一个窗体，格式为：

```
[窗体名.]Show [模式]
```

- Hide(隐藏)。把一个窗体从显示器上清除，但其相关参数仍保存在内存中，格式为：

```
[窗体名.]Hide
```

- Move(移动)。移动一个窗体，格式为：

```
[窗体名.]Move 左边距[,上边距[,宽[,高]]]
```

- Print(打印)。详细介绍见第5章。
- Cls(清除)：清除当前窗体中由Print方法显示的内容，并移动鼠标到对象的左上角(0,0)。该方法还可用于图片框，格式为：

```
[窗体名.]Cls
```

2. 文本控件

与文本有关的标准控件有两个：标签和文本框。程序运行时标签中只能显示文本，用户不能进行编辑，而在文本框中既可显示文本，又可输入文本。

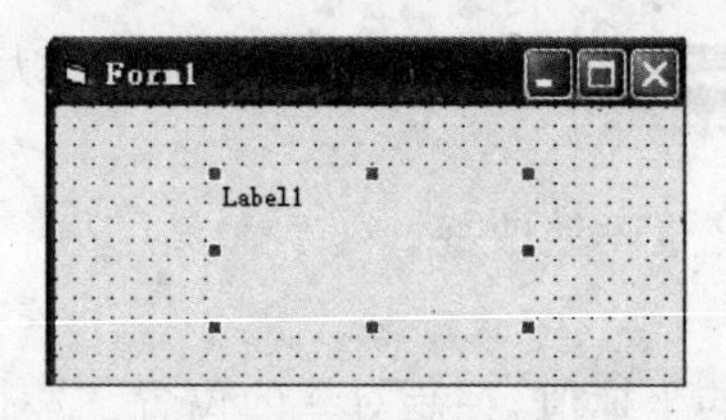

图3.2 标签

(1) 标签

① 功能

显示文本信息，所显示的内容只能用Caption属性来设置或修改，不能直接编辑(见图3.2)。

② 属性

标签的部分属性与窗体及其他控件相同，包括：FontBold、FontItalic、FontName、FontSize、FontUnderline、Height、Left、Name、Top、Visible、Width。其他属性如下。

- Alignment：确定标签中标题的放置方式，可以设置为0、1或2三个值。
- AutoSize：值为True，自动调整标签的大小。
- BorderStyle：设置标签的边框，可以设置为0、1两个值。
- Caption：在标签中显示文本。
- Enabled：确定该控件或窗体是否有效，可以设置为True或False。
- BackStyle：确定标签是否覆盖背景，设置值为0、1。
- WordWrap：决定标签标题的显示方式，设置值为True或False。

③ 事件

可触发Click和DblClick事件。

④ 方法

不需要使用其他方法。

(2) 文本框

① 功能

文本框是一个文本编辑区域，在设计阶段或运行期间可以在这个区域中输入、编辑和显示文本，类似于一个简单的文本编辑器(见图3.3)。

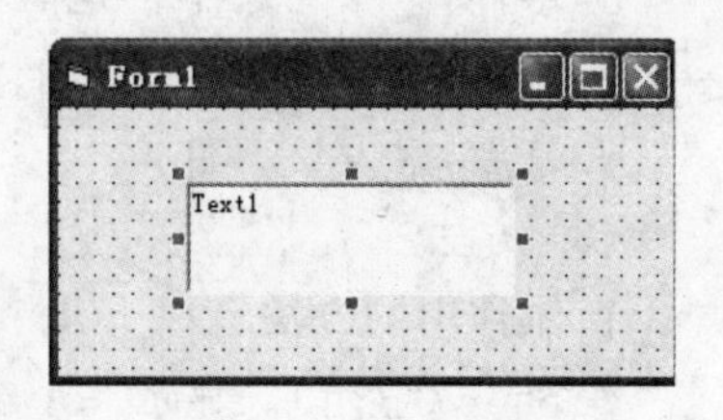

图3.3 文本框

② 属性

前面介绍的一些属性可以用于文本框,此外还有如下属性。

- MaxLength：允许在文本框中输入的最大字符数。
- MultiLine：设置是否可以多行显示文本。
- PasswordChar：用于口令输入。
- ScrollBars：确定文本框中是否有滚动条。
- SelLength：当前选中的字符数。
- SelStart：定义当前选择的文本的起始位置。
- SelText：当前所选择的文本字符串。如未选择,则为空字符串。
- Text：设置文本框中显示的内容。
- Locked：指定文本框是否可被编辑。

③ 事件

文本框支持Click、DblClick等鼠标事件,还支持Change、GotFocus、LostFocus等事件。

- Change：当改变Text属性值时触发该事件。
- GotFocus：当文本框获得输入焦点时触发该事件。
- LostFocus：当文本框失去焦点时触发该事件。

④ 方法

SetFocus是文本框常用的方法,该方法可以把焦点移到指定的文本框中。格式为：

```
[对象.]SetFocus
```

3. 按钮控件

按钮控件是指命令按钮(见图3.4)。

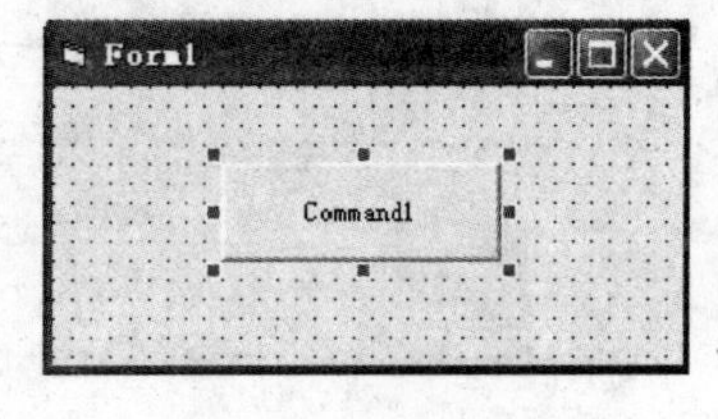

图3.4　命令按钮

(1) 功能

提供了用户与应用程序交互最简便的方法。

(2) 属性

在应用程序中,命令按钮通常用来在单击时执行指定的操作。它的属性包括Caption、Enabled、FontBold、FontItalic、FontName、FontSize、FontUnderline、Height、Left、Name、Top、Visible、Width。此外,它还有以下属性。

- Cancel：该属性被设置为True,按Esc键与单击该按钮功能相同。
- Default：该属性被设置为True,按Enter键与单击该按钮功能相同。
- Style：指定控件的显示类型和操作,设置值为0、1。
- Picture：给命令按钮指定一个图形。
- DownPicture：设置命令按钮按下时显示的图形。
- DisabledPicture：设置命令按钮无效时显示的图形。

(3) 事件

最常用的事件是Click。

4. 选择控件

与选择有关的控件包括复选框、单选按钮、列表框、组合框控件,下面分别介绍。

(1) 复选框和单选按钮

① 功能

复选框组提供多个选项间的多个选择,单选按钮组提供多个选项间的单一选择(见图 3.5)。

② 属性

前面的很多属性都可用于复选框和单选按钮,除此之外,还可以使用下列属性。

- Value：表示复选框或单选按钮的状态。
- Alignment：设置复选框或单选按钮标题的对齐方式。
- Style：指定复选框或单选按钮的显示方式。

③ 事件

两者都可接收 Click 事件。

(2) 列表框

① 功能

用于提供在很多项目中做出选择的操作,列表框如图 3.6 所示。

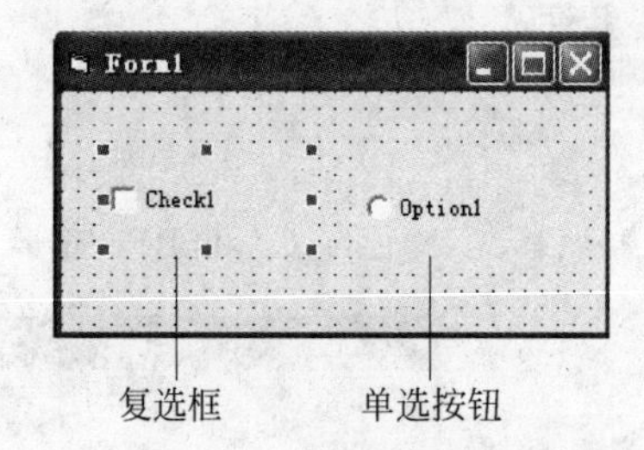

图 3.5　复选框和单选按钮

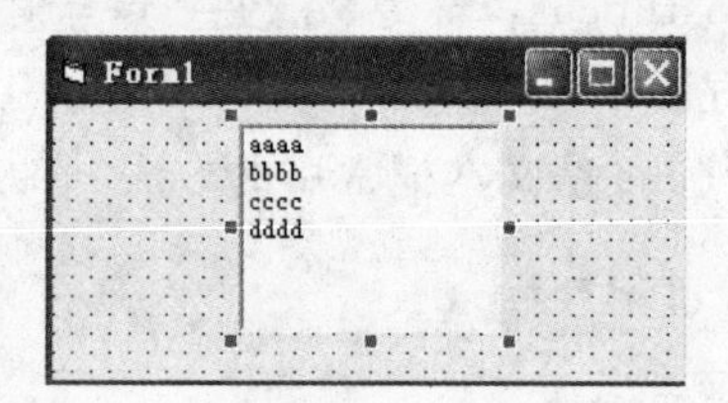

图 3.6　列表框

② 属性

列表框所支持的标准属性包括 Enabled、FontBold、FontItalic、FontName、FontUnderline、Height、Left、Top、Visible、Width。此外,列表框还具有以下特殊属性。

- Columns：确定列表框的列数。
- List：列出表项的内容,这是一个字符串数组,下标值从 0 开始。
- ListCount：表项的数量。
- ListIndex：选中的表项的位置。
- MultiSelect：是否可在列表项中作多个选择。
- Selected：是一个逻辑型数组,表示是否选中当前表项中的某一项。
- SelCount：如果可以选中多项,则表示列表框中所选项的项数。
- Sorted：确定列表框中的项目是否按字母、数字升序排列。
- Style：确定表项外观。
- Text：最后一次选中的表项的文本。

③ 事件

列表框接收 Click 和 DblClick 事件,但有时不用编写 Click 事件过程代码,而是当单击一个命令按钮或发生 DblClick 事件时读取 Text 属性。

④ 方法

列表框可以使用 AddItem、Clear 和 RemoveItem 等方法，用来在运行程序期间修改列表框的内容。

- AddItem：添加新的表项，格式为：

```
列表框. AddItem 项目字符串[, 索引值]
```

- Clear：清除列表框中的全部内容，格式为：

```
列表框.Clear
```

- RemoveItem：删除列表框中指定的项目，格式为：

```
列表框. RemoveItem 索引值
```

(3) 组合框

① 功能

可以选择已有项目，也可以输入项目。组合框示例如图 3.7 所示。

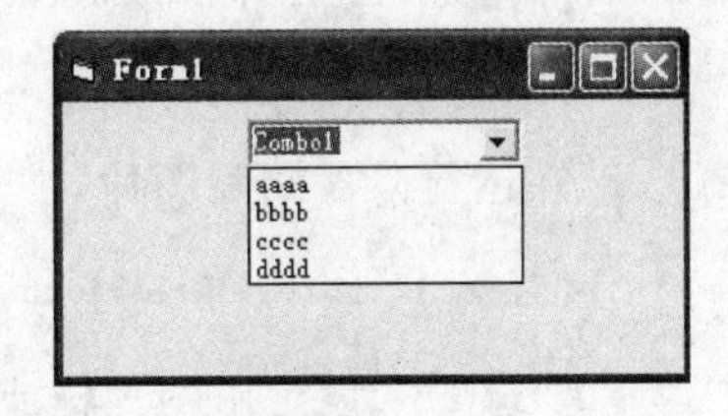

图 3.7　组合框

② 属性

列表框的属性基本上都可用于组合框。此外，组合框还有自己的一些属性。

- Style：取值为 0、1、2，决定组合框 3 种不同的类型(见图 3.8)。取值为 0，是下拉式组合框；取值为 1，是简单组合框；取值为 2，是下拉式列表框。

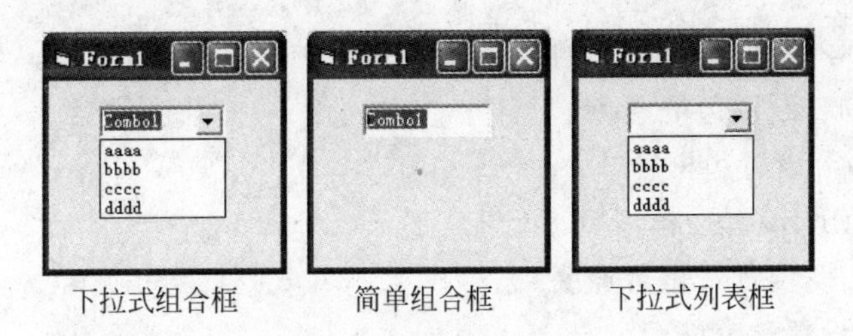

图 3.8　组合框的三种形式

- Text：用户所选择项目的文本或直接从编辑区输入的文本。

③ 事件

只有简单组合框才能接收 DblClick 事件，其他两种组合框可以接收 Click 事件和 DropDown 事件。

④ 方法

与列表框相同。

5. 图形控件

Visual Basic 中与图形有关的标准控件有 4 种：图片框、图像框、直线和形状。

(1) 图片框和图像框

① 功能

图片框和图像框都用来显示图形(见图 3.9)，但有以下区别。

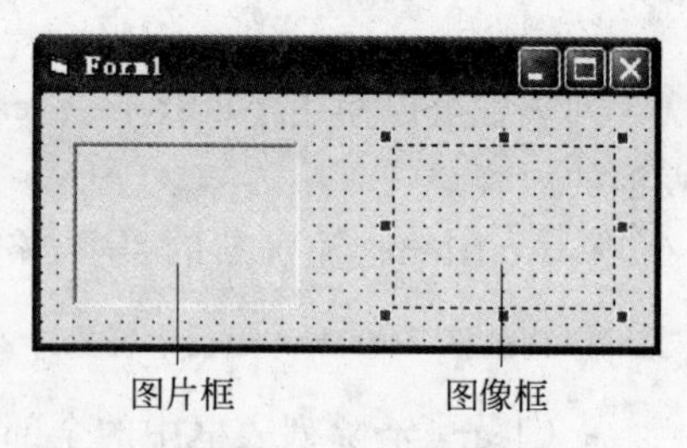

图 3.9　图片框和图像框

- 图片框是"容器"控件，图像框不是。
- 图片框可以通过 Print 方法接收文本，可以用绘图方法绘制图形，图像框不能。

② 属性

前面介绍的窗体的一些属性完全适用于图片框和图像框，还有以下特有属性。

- CurrentX 和 CurrentY：设置下一个输出的水平或垂直坐标。
- Picture：在设计阶段返回或设置窗体、图片框或图像框上显示的图片；在运行阶段装入图片，用 LoadPicture 函数装入图形文件。格式为：

```
[对象.]Picture = LoadPicture("文件名")
```

"文件名"指要装入图形文件的绝对路径。

在运行阶段删除图片，格式为：

```
[对象.]Picture = LoadPicture("")
```

- Stretch：设定由图片框或图像框自动调整大小。

(2) 直线和形状

① 功能

显示一些规则图形的简易方法(见图 3.10)。

② 属性

- X1、Y1 和 X2、Y2：表示直线两个端点的坐标。
- BorderColor：设置边框颜色。
- BorderStyle：设置边框样式。
- BorderWidth：设置边框线宽。
- BackStyle：设置背景是否透明。
- FillColor：设置填充颜色。
- FillStyle：设置填充样式。
- Shape：取值为 0～5，设置形状控件显示 6 种不同的图形(见图 3.11)。

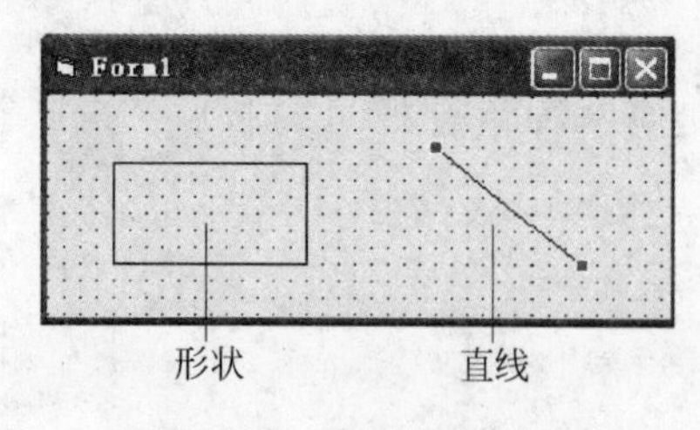

图 3.10　形状和直线

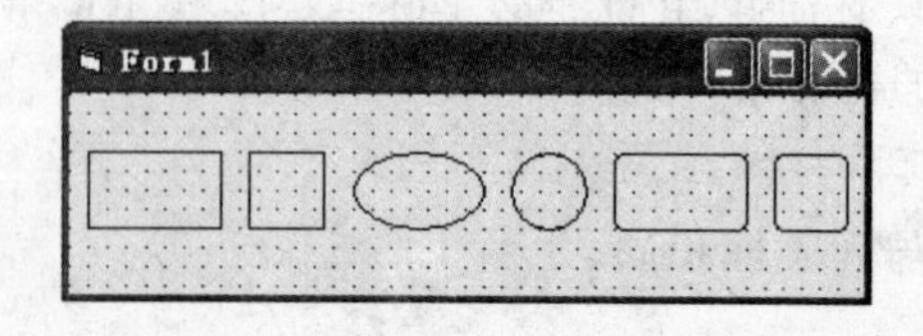

图 3.11　Shape 属性的 6 种不同形状

6. 计时器

(1) 功能

计时器提供了定制时间间隔的功能，窗体中的计时器如图 3.12 所示。

(2) 属性

计时器最主要的属性是 Interval，用来设置计时器事件之间的间隔，单位为毫秒。

(3) 事件

支持 Timer 事件，每经过一段由属性 Interval 指定的时间间隔，就产生一个 Timer 事件。

7. 滚动条

滚动条分为两种，即水平滚动条和垂直滚动条，如图 3.13 所示。

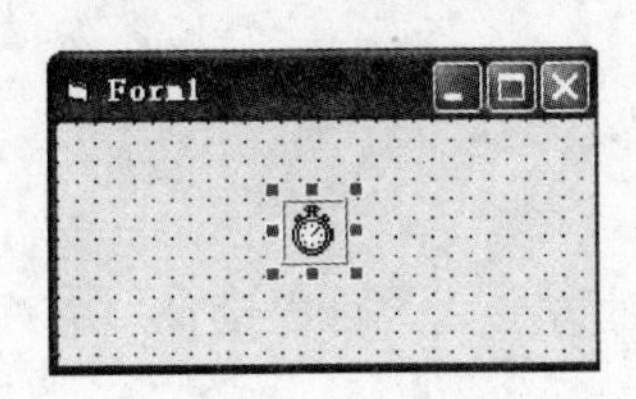

图 3.12　计时器

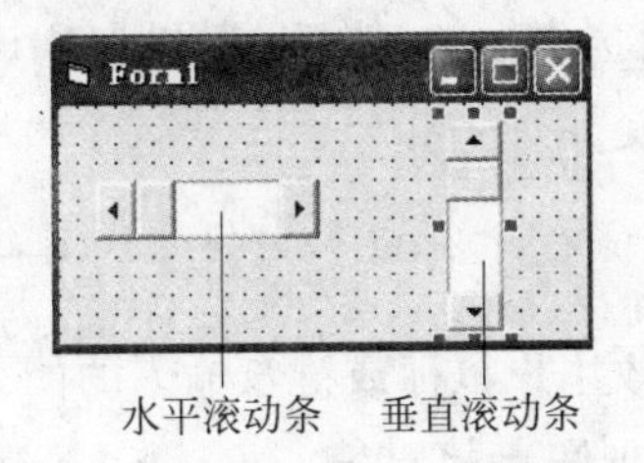

图 3.13　水平滚动条和垂直滚动条

(1) 功能

滚动条通常用来附在窗口上帮助观察数据或确定位置，也可用来作为数据输入的工具，被广泛地用于 Windows 应用程序中。

(2) 属性

滚动条的属性用来标识滚动条的状态，除支持 Enabled、Height、Left、Caption、Top、Visible、Width 等标准属性外，还具有以下属性。

- Max：设置或返回滚动条所能表示的最大值(见图 3.14)。
- Min：设置或返回滚动条所能表示的最小值(见图 3.14)。
- LargeChange：单击滚动条中滚动滑块前面或后面的部位时，Value 增加或减少的增量值。
- SmallChange：单击滚动条两端的箭头时，Value 增加或减少的增量值。
- Value：滚动滑块在滚动条上的当前位置(见图 3.14)。

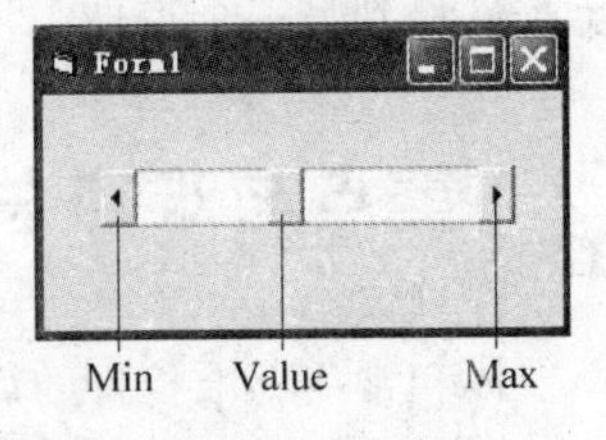

图 3.14　滚动条的 Min、Max 和 Value 属性

(3) 事件

与滚动条有关的事件主要是 Scroll 和 Change。

- Scroll：在滚动条内拖动滚动滑块时触发。
- Change：改变滚动滑块的位置时触发。

8. 框架

(1) 功能

框架(Frame)是一个容器控件，用于将屏幕上的对象分组(见图 3.15)。

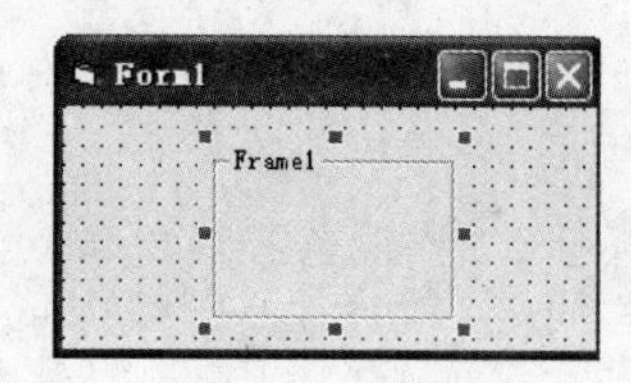

图 3.15 框架

(2) 属性

框架的属性包括 Caption、Enabled、FontBold、FontName、FontUnderline、Height、Name、Left、Top、Visible、Width。

(3) 框架内控件的创建方法

首先在窗体上画出框架,然后在框架内画出一组控件。这样就可以把框架和框架内的控件同时移动。注意:不能使用双击工具箱上控件的方式画控件。

如果在框架外已有一个控件,试图把它移到框架内部,则须将该控件"剪切"(Ctrl+X)到剪贴板,然后选中框架,使用"粘贴"(Ctrl+V)命令粘贴到框架内。

9. 焦点与 Tab 顺序

(1) 设置焦点

焦点是接收用户鼠标或键盘输入的能力,用下面的方法之一可以设置一个对象的焦点。

- 在运行时单击该对象。
- 运行时用快捷键选择该对象。
- 在程序代码中使用 SetFocus 方法。

(2) Tab 顺序

Tab 顺序是在按 Tab 键时焦点在控件间移动的顺序。

当窗体上有多个控件时,用鼠标单击某个控件,就可把焦点移到该控件中(控件中有获得焦点的方法),使该控件成为活动控件。

除鼠标外,用 Tab 键也可以把焦点移到某个控件中。每按一次 Tab 键,可以使焦点从一个控件移到另一个控件。

3.2 重点与难点总结

窗体和常用标准控件的属性、事件和方法。

3.3 试题解析

一、选择题

【试题 1】 在窗体上画一个名称为 Command1 的命令按钮,然后编写如下事件过程:

```
Private Sub Command1_Click()
  Command1.Move 500,500
End Sub
```

程序运行后,单击命令按钮,执行的操作为(　　)。

A. 命令按钮移动到距窗体左边界、上边界各 500 的位置

B. 窗体移动到距屏幕左边界、上边界各 500 的位置

C. 命令按钮向左、上方向各移动 500

D. 窗体向左、上方向各移动 500

【分析】 当 Move 方法前不带有控件对象名时，是窗体的移动；如前面给出对象名，就是具体控件对象相对于窗体的移动。

【答案】 A

【试题 2】 以下叙述中正确的是(　　)。

A. 窗体的 Name 属性值可以为空

B. 窗体的 Name 属性值是显示在窗体标题栏中的文本

C. 可以在运行期间改变窗体的 Name 属性值

D. 窗体的 Name 属性指定窗体的名称，用来标识一个窗体

【分析】 窗体的 Caption 属性值是显示在窗体标题栏中的文本；窗体的 Name 属性是只读属性，即只可以通过属性窗口改变属性值，在运行时不能改变；Name 属性值不能为空。

【答案】 D

【试题 3】 在窗体上画一个名称为 Text1 的文本框和一个名称为 Command1 的命令按钮，然后编写如下事件过程：

```
Private Sub Command1_Click()
  Text1.Text = "Visual"
  Me.Text1 = "Basic"
  Text1 = "Program"
End Sub
```

程序运行后，如果单击命令按钮，则在文本框中显示的是(　　)。

A. Visual　　B. Basic　　C. Program　　D. 出错

【分析】 事件过程中的三条赋值语句都是将对应的字符串在 Text1 文本框中显示输出，后一个字符串会依次将前一个字符串覆盖，因此显示的是最后一个赋值语句中对应的字符串。

【答案】 C

【试题 4】 若设置了文本框的属性 PasswordChar="&"，则运行程序时向文本框中输入 8 个任意字符后，文本框中显示的是(　　)。

A. 8 个"&"　　B. 1 个"&"　　C. 8 个"*"　　D. 无任何内容

【分析】 PasswordChar 属性的值为某个字符时，表示本文本框用于输入口令，用户输入的字符显示时将被替换为设定的字符。

【答案】 A

【试题 5】 在窗体上有若干控件，其中有一个名称为 Text1 的文本框。影响 Text1 的 Tab 顺序的属性是(　　)。

A. TabStop　　B. Enabled　　C. Visible　　D. TabIndex

【分析】 TabIndex 属性是影响具有焦点的控件对象的 Tab 顺序的属性。

【答案】 D

【试题 6】 假定在图片框 Picture1 中装入了一个图形，为了清除该图形(不删除图片框)，应采用的正确方法是(　　)。

A. 选择图片框，然后按 Del 键

B. 执行语句 Picture1. Picture = LoadPicture ("")

C. 执行语句 Picture1. Picture =""

D. 选择图片框，在“属性”窗口中选择 Picture 属性，然后按回车键

【分析】 清除图片框和图像框中的图形，使用二者的 Picture 属性和 LoadPicture 函数来实现。具体格式为：Object. Picture=LoadPicture("")。

【答案】 B

【试题 7】 在窗体上画一个名称为 List1 的列表框，一个名称为 Label1 的标签，列表框中显示若干个项目。当单击列表框中的某个项目时，在标签中显示被选中项目的名称。正确实现上述操作的程序是(　　)。

A.
```
Private Sub List1_Click()
    Label1.Caption = List1.ListIndex
End Sub
```

B.
```
Private Sub List1_Click()
    Label1.Name = List1.ListIndex
End Sub
```

C.
```
Private Sub List1_Click()
    Label1.Name = List1.Text
End Sub
```

D.
```
Private Sub List1_Click()
    Label1.Caption = List1.Text
End Sub
```

【分析】 在一个列表框(List1)中，如果某个列表项被选中，该列表项的内容可以表示为：List1. list(listIndex)或 List1. Text，另外，在标签中显示信息，使用它的 Caption 属性。

【答案】 D

【试题 8】 设窗体上有 1 个垂直滚动条，已经通过属性窗口把它的 Max 属性设置为 100，Min 属性设置为 1，下面叙述中正确的是(　　)。

A. 程序运行时，若使滚动滑块向上移动，滚动条的 Value 属性值就增加

B. 程序运行时，若使滚动滑块向上移动，滚动条的 Value 属性值就减少

C. 如果滚动条的 Max 属性值小于 Min 属性值，程序会出错

D. Max 属性值和 Min 属性值不能设为负数值

【分析】 如果是垂直滚动条，则滚动滑块向上移动，Value 属性值就减少，向下移动，Value 属性值就增加。如果是水平滚动条，则滚动滑块向左移动，Value 属性值就减少，向右移动，Value 属性值就增加。滚动条的 Max 属性值小于 Min 属性值，程序不会出错，在程序运行后，滚动滑块出现在下侧或右侧。Max 和 Min 属性的取值范围为－32 768～32 767。

【答案】 B

【试题 9】 要使两个单选按钮属于同一个框架，正确的操作是(　　)。

A. 先画一个框架，再在框架中画两个单选按钮

B. 先画一个框架，再在框架外画两个单选按钮，然后把单选按钮拖到框架中

C. 先画两个单选按钮，再画框架将单选按钮框起来

D. 以上三种方法都正确

【分析】 框架内控件的创建方法：首先在窗体上画出框架，然后在框架内画出一组控件。这样就可以把框架和框架里面的控件同时移动。

【答案】 A

【试题10】 设在窗体上有1个名称为Combo1的组合框，含有6个项目，要删除最后一项，正确的语句是(　　)。

A. Combo1. RemoveItem Combo1. Text

B. Combo1. RemoveItem 4

C. Combo1. RemoveItem Combo1. ListCount

D. Combo1. RemoveItem 5

【分析】 在列表框或组合框中删除一个列表项，用RemoveItem方法，格式为：对象名.RemoveItem索引值。第一项的索引值是0，第二项的索引值是1……以此类推。组合框有6个项目，最后一项的索引值为5。

【答案】 D

二、填空题

【试题1】 在窗体上有一个列表框List1，则List1. Text的值相当于List1.(　　)的值。

【分析】 在列表框中，List1. Text是最后选定的列表项的内容，选定的列表项的索引值为ListIndex，根据索引值用List属性可以表示选定的列表项，即为List1. list(ListIndex)。

【答案】 list(ListIndex)

【试题2】 为了使计时器控件Timer1每隔0.3秒触发一次Timer事件，应将Timer1控件的(　　)属性设置为(　　)。

【分析】 计时器最主要的属性是Interval，用来设置计时器事件之间的间隔，单位为毫秒。

【答案】 Interval,300

【试题3】 在组合框的三种不同的类型中，只能选择不能输入内容的是(　　)。

【分析】 组合框有三种：下拉式组合框、简单组合框和下拉式列表框。前两者既能选择也能输入，下拉式列表框只能选择不能输入。

【答案】 下拉式列表框

3.4　同步练习

一、选择题

1. 任何控件共同具有的是(　　)属性。

A. Text　　B. Name　　C. ForeColor　　D. Caption

2. 下列关于属性设置的叙述中，正确的是(　　)。

A. 所有的对象都有同样的属性

B. 控件的属性只能在设计时修改,运行时无法改变

C. 控件的属性都有同样的默认值

D. 引用对象属性的格式为:对象名称.属性

3. 为了取消窗体的最大化功能,需要把它的一个属性设置为 False,这个属性是(　　)。

A. ControlBox　　B. MinButton　　C. Enabled　　D. MaxButton

4. 确定一个窗体或控件大小的属性是(　　)。

A. Width 或 Height　　B. Width 和 Height

C. Top 或 Left　　D. Top 和 Left

5. 如果要改变窗体的标题,要设置的属性是(　　)。

A. Caption　　B. Name　　C. Icon　　D. FontName

6. 如果希望一个窗体在显示时没有边框,应该设置的属性是(　　)。

A. 将窗体的标题(Caption)设置成空字符

B. 将窗体的 Enabled 属性设置成 False

C. 将窗体的 BorderStyle 属性设置成 None

D. 将窗体的 ControlBox 设置成 False

7. 每当窗体失去焦点时会触发的事件是(　　)。

A. Active　　B. Load　　C. LostFocus　　D. GotFocus

8. 为了在运行时能够显示窗体左上角的控制菜单,必须(　　)。

A. 把窗体的 ControlBox 属性设置为 False,其他属性任意

B. 把窗体的 ControlBox 属性设置为 True,并且把 BorderStyle 属性设置为数值 1～5 之一

C. 把窗体的 ControlBox 属性设置为 False,同时把 Borderstyle 属性设置为非 0 值

D. 把窗体的 ControlBox 属性设置为 True,同时把 BorderStyle 属性设置为 0 值

9. 如图 3.16 所示,下面的窗体中没有的控件是(　　)。

A. 单选按钮　　B. 复选框

C. 框架　　D. 命令按钮

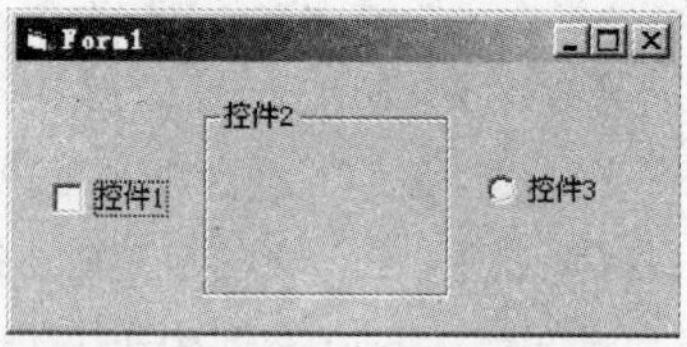

图 3.16　选择题第 9 题用户界面

10. 能使 Form1 窗体显示的代码是(　　)。

A. Form1. Hide　　B. Form1. Cls

C. Form1. Show　　D. Me. Cls

11. 假定窗体的名称(Name 属性)为 Form1,则把窗体的标题设置为"VBTEST"的语句正确的是(　　)。

A. Form1＝"VBTEST"　　B. Caption＝"VBTEST"

C. Form1. Text＝"VBTEST"　　D. Form1. Name＝"VBTEST"

12. 将当前窗体中显示的文字及绘制的图形全部清除,可以用以下(　　)方法。

A. Me. Clear　　B. Me. Cls　　C. Me＝""　　D. Me. Delete

13. 以下关于窗体的描述中,错误的是(　　)。

A. 执行 Unload Form1 语句后,窗体 Form1 消失,但仍在内存中

B. 窗体的 Load 事件在加载窗体时发生

C. 当窗体的 Enabled 属性为 False 时,通过鼠标和键盘对窗体的操作都被禁止

D. 窗体的 Height、Width 属性用于设置窗体的高和宽

14. Print 不能在(　　)控件上输出。

A. 窗体　　B. 图形框　　C. 打印机　　D. 按钮

15. (　　)控件不能作为容器控件。

A. Form　　B. PictureBox　　C. Frame　　D. Image Box

16. 当设置了定时器的有关属性后,使窗体自动向下移动的语句是(　　)。

A. Move Left, Top＋100　　B. Move Top＋100

C. Move ,Top＋100　　D. Move Top ＝Top＋100

17. 要将窗体设置为固定大小,应该设置窗体的(　　)属性。

A. ScaleWidth 和 ScaleHeight　　B. BorderStyle

C. AutoSize　　D. ScaleMode

18. 假定窗体上有一个标签名为 Label1,为了使该标签透明并且没有边框,则正确的属性设置为(　　)。

A. Label1. BackStyle＝0
Label1. BorderStyle＝0

B. Label1. BackStyle＝1
Label1. BorderStyle＝1

C. Label1. BackStyle＝True
Label1. BorderStyle＝True

D. Label1. BackStyle＝False
Label1. BorderStyle＝False

19. 为了使标签中的内容居中显示,应把 Alignment 属性设置为(　　)。

A. 0　　B. 1　　C. 2　　D. 3

20. 为了使标签覆盖背景,应把 BackStyle 属性设置为(　　)。

A. 0　　B. 1　　C. True　　D. False

21. 要改变 Label 控件中文字的颜色,可以设置 Label 控件的(　　)属性。

A. FontColor　　B. FillColor

C. ForeColor　　D. BackColor

22. 若要使标签的大小自动与所显示的文本相适应,则可通过设置(　　)属性的值为 True 来实现。

A. AutoSize　　B. Alignment　　C. Appearance　　D. Visible

23. 若要设置或返回文本框中的文本,则可通过文本框对象的(　　)属性来实现。

A. Caption　　B. Text　　C. 名称　　D. Name

24. 要求在文本框中输入密码时在文本框中显示"#"号,则应在此文本框的属性窗口中设置(　　)。

A. Text 属性值为#　　B. Caption 属性值为#

C. PasswordChar 属性值为#　　D. PasswordChar 属性值为真

25. 使文本框获得焦点的方法是(　　)。

A. Change　　B. GotFocus　　C. SetFocus　　D. LostFocus

26. 假定窗体上有一个 Text1 文本框,为使它的文本内容位于中间并且没有边框,则正确的属性设置为(　　)。

A. Text1. Alignment＝1
Text1. BorderStyle＝0

B. Text1. Alignment＝2
Text1. BorderStyle＝1

C. Text1.Alignment＝1
Text1.BorderStyle＝1

D. Text1.Alignment＝2
Text1.BorderStyle＝0

27. 假定窗体上有一个文本框名为 Txt1，为了使该文本框的内容能够换行，并且具有水平滚动条和垂直滚动条，正确的属性设置为(　　)。

A. Txt1.MultiLine = True
Txt1.ScrollBars＝0

B. Txt1.MultiLine = True
Txt1.ScrollBars = 3

C. Txt1.MultiLine = False
Txt1.ScrollBars＝0

D. Txt1.MultiLine = False
Txt1.ScrollBars = 3

28. 在窗体中添加两个文本框(Name 属性分别为 Text1 和 Text2)、一个命令按钮(Name 属性为 Command1)和一个标签(Name 属性为 Label1)。编写如下程序：

```
Private Sub Form_Load()
    Text1.Text = ""
    Text2.Text = ""
End Sub
```

要求程序运行后，在第一个文本框(Text1)和第二个文本框(Text2)中分别输入 123 和 123，然后单击命令按钮(Command!)，在标签中显示结果为 246。能实现上述功能的程序段是(　　)。

A.
```
Private Sub Command1_Click()
    a = Text1.Text + Text2.Text
    Label1.Caption = Str(a)
End Sub
```

B.
```
Private Sub Command1_Click()
    a = Val(Text1.Text + Text2.Text)
    Label1.Caption = Str(a)
End Sub
```

C.
```
Private Sub Command1_Click()
    a = Val(Text1.Text) + Val(Text2.Text)
    Label1.Caption = Str(a)
End Sub
```

D.
```
Private Sub Command1_Click()
    Val(a) = Text1.Text + Text2.Text
    Label1.Caption = Str(a)
End Sub
```

29. 在窗体(Name 属性为 Form1)中添加两个文本框(其 Name 属性分别为 Text1 和 Text2)和一个命令按钮(Name 属性为 Command1)，然后编写如下事件过程：

```
Private Sub Command1_Click()
  a = Text1.Text + Text2.Text
  Print a
End Sub
Private Sub Form_Load()
  Text1.Text = ""
  Text2.Text = ""
End Sub
```

程序运行后，在 Text1 和 Text2 中分别输入 12 和 34，然后单击命令按钮，则输出结果为(　　)。

A. 12　　B. 34　　C. 46　　D. 1234

30. 下列控件中能自动设置滚动条的是(　　)。

A. 复选框　　B. 框架　　C. 文本框　　D. 标签框

31. (　　)执行后将会删除文本框 Text1 中选中的文本。

A. Text1. Text=""　　B. Text1. SelText=""

C. Text1. Clear　　D. Text1. SelText. Clear

32. 以下能够触发文本框 Change 事件的操作是(　　)。

A. 文本框失去焦点　　B. 文本框获得焦点

C. 设置文本框的焦点　　D. 改变文本框的内容

33. Visual Basic 为命令按钮提供的 Cancel 属性(　　)。

A. 用来指定命令按钮是否为窗体的"取消"按钮

B. 用来指定命令按钮的功能是停止一个程序的运行

C. 用来指定命令按钮的功能是关闭一个运行程序

D. 用来指定命令按钮的功能是中断一个程序的运行

34. 窗体中有 3 个按钮 Command1、Command2 和 Command3,该程序的功能是当单击按钮 Command1 时,按钮 2 可用,按钮 3 不可见,正确的程序是(　　)。

A.
```
Private Sub Command1_Click( )
    Command2.Visible = True
    Command3.Visible = False
End Sub
```

B.
```
Private Sub Command1_Click( )
    Command2.Enabled = True
    Command3.Enabled = False
End Sub
```

C.
```
Private Sub Command1_Click( )
    Command2.Enabled = True
    Command3.Visible = False
End Sub
```

D.
```
Private Sub Command1_Click( )
    Command2.Enabled = False
    Command2.Visible = False
End Sub
```

35. 在窗体中添加名称为 Command1 和名称为 Command2 的命令按钮、文本框 Text1,然后编写如下代码:

```
Private Sub Command1_Click()
  Text1.Text = "AB"
End Sub
Private Sub Command2_Click()
  Text1.Text = "CD"
End Sub
```

首先单击 Command2 按钮,然后再单击 Command1 按钮,在文本框中显示(　　)。

A. AB　　B. CD　　C. ABCD　　D. CDAB

36. 命令按钮不能响应的事件是(　　)。

A. Click　　B. LostFocus　　C. DblClick　　D. MouseDown

37. 为了在按下 Enter 键时执行某个命令按钮的 Click 事件过程,需要把该命令按钮的一个属性设置为 True,这个属性是(　　)。

A. Value　　B. Default　　C. Cancel　　D. Enabled

38. 要将命令按钮 Command1 设置为不可见,应修改该命令按钮的(　　)属性。

A. Visible　　B. Value　　C. Caption　　D. Enabled

39. 若要使命令按钮不可操作,要设置(　　)属性。

A. Enabled　　B. Visible　　C. BackColor　　D. Caption

40. 选择工具箱中的 Timer 控件是指(　　)。

A. 图像控件　　B. 文件列表框控件　　C. 形状控件　　D. 计时器控件

41. 要将计时器控件的宽度设置得大一些,(   )是正确的。

A. 设置计时器的 Width 属性　　B. 设置计时器的 Left 属性

C. 设置计时器的 Height 属性　　D. 无法对计时器的宽度进行设置

42. 将计时器的时间间隔设置为 1 秒,那么计时器的 Interval 属性值应设为(   )。

A. 1000　　B. 1　　C. 100　　D. 10

43. (   )不能响应 Click 事件。

A. 列表框　　B. 图片框　　C. 窗体　　D. 计时器

44. 设置一个单选按钮(OptionButton)所代表选项的选中状态,应当在属性窗口中改变的属性是(   )。

A. Caption　　B. Name　　C. Text　　D. Value

45. 设置复选框或单选按钮标题对齐方式的属性是(   )。

A. Align　　B. Alignment　　C. Sorted　　D. Value

46. 单选按钮用于一组互斥的选项中。若一个应用程序包含多组互斥条件,在不同的(   )中安排适当的单选按钮即可实现。

A. 框架控件或图像控件　　B. 组合框或图像控件

C. 组合框或图片框　　D. 框架控件或图片框

47. Visual Basic 提供的复选框(CheckBox)可具有的功能是(   )。

A. 多重选择　　B. 单一选择　　C. 多项选择　　D. 选择一次

48. 在下列关于复选框和单选按钮的比较中,正确的是(   )。

A. 复选框和单选按钮都只能在多个选择项中选定一项

B. 复选框和单选按钮的值(Value)都是 True 或 False

C. 单选按钮和复选框都响应 DblClick 事件

D. 要使复选框不可用,可设置 Enabled 属性(False)和 Value 属性(Grayed)

49. 为了在 CheckBox 后面显示文本,需要设置的属性是(   )。

A. Visible　　B. Caption　　C. Enabled　　D. Value

50. 设窗体上有一个列表框控件 List1,且其中含有若干列表项。则能表示当前被选中的列表项内容的是(   )。

A. List1. List　　B. List1. ListIndex　　C. List1. Index　　D. List1. Text

51. 为了使列表框中的项目分为多项显示,需要设置的属性为(   )。

A. Columns　　B. Style　　C. List　　D. MultiSelect

52. (   )没有 Caption 属性。

A. Label　　B. OptionButton　　C. Frame　　D. ListBox

53. 使用( )方法可以将新的列表项添加到一个列表框中。

A. Print　　B. AddItem　　C. Clear　　D. RemoveItem

54. 有关列表框的属性和方法的正确描述是(   )。

A. 列表框的内容由属性 ItemData 来确定

B. 当多选属性(MultiSelect)为 True 时,可通过 Text 属性获得所有内容

C. 选中的内容应通过 List 属性来访问

D. 选中的内容应通过 Text 属性来访问,并且每次只能获得一条内容

55. 关于列表框(ListBox)的不正确叙述是(　　)。

A. 列表框显示项目列表

B. 用户只可以从中选择一个项目

C. 列表框可以显示多项列表

D. 如果项目数超过列表框可显示的数目,控件将自动出现滚动条

56. 在窗体中添加一个列表框,然后编写如下两个事件过程:

```
Private Sub Form_Click()
    List1.RemoveItem 1
    List1.RemoveItem 3
    List1.RemoveItem 2
End Sub
Private Sub Form_Load()
    List1.AddItem "AA"
    List1.AddItem "BB"
    List1.AddItem "CC"
    List1.AddItem "DD"
    List1.AddItem "EE"
End Sub
```

运行上面的程序,然后单击窗体,列表框中所显示的内容为(　　)。

A. AA
BB　　B. DD
EE　　C. AA
CC　　D. BB
CC

57. 在窗体上画一个名称为 List1 的列表框、一个名称为 Label1 的标签,列表框中显示若干城市的名称。当单击列表框中的某个城市名时,在标签中显示选中城市的名称。下列能正确实现上述功能的程序是(　　)。

A.
```
Private Sub List1_Click()
    Label1.Caption = List1.ListIndex
End Sub
```

B.
```
Private Sub List1_Click()
    Label1.Name = List1.ListIndex
End Sub
```

C.
```
Private Sub List1_Click()
    Label1.Name = List1.Text
End Sub
```

D.
```
Private Sub List1_Click()
    Label1.Caption = List1.Text
End Sub
```

58. 以下叙述正确的是(　　)。

A. 组合框包含了列表框的功能　　B. 列表框包含了组合框的功能

C. 组合框和列表框的功能完全不同　　D. 组合框和列表框的功能完全相同

59. 设组合框 Combo1 中有 3 个项目,则能删除最后一项的语句是(　　)。

A. Combo1. RemoveItem Text　　B. Combo1. RemoveItem 2

C. Combo1. RemoveItem 3　　D. Combo1. RemoveItem Combo1. Listcount

60. 窗体上有一组合框 Combo1,将下列项“Chardonnay”、“FunBlanc”、“Gewrzt”和“Zinfande”放置到组合框中,当窗体加载时的代码如下:

```
Private Sub Form_Load()
   Combo1.AddItem "Chardonnay"
   Combo1.AddItem "FunBlanc"
   Combo1.AddItem "Gewrzt"
```

```
    Combo1.AddItem "Zinfande"
End Sub
```

要在文本框 Text1 中显示列表中的第三个项目,正确语句是(　　)。

A. Text1.Text=Combo1.List(0)　　B. Text1.Text=Combo1.List(1)

C. Text1.Text=Combo1.List(2)　　D. Text1.Text=Combo1.List(3)

61. 在窗体中添加一个列表框 List1、一个组合框 Combo1、一个文本框 Text1 和一个命令按钮 Command1,编写如下代码:

```
Private Sub Form_Load()
    List1.AddItem "11"
    List1.AddItem "22"
    List1.AddItem "33"
    Combo1.AddItem "44"
    Combo1.AddItem "55"
    Combo1.AddItem "66"
    Text1.Text = ""
End Sub
```

程序运行后,单击命令按钮,要在文本框中显示"2255",能满足要求的命令按钮的程序代码是(　　)。

A.
```
Private Sub Command1_Click()
    Text1.Text = List1.ListIndex(1) + Combo1.ListIndex(1)
End Sub
```

B.
```
Private Sub Command1_Click()
    Combo1.ListIndex = 1
    List1.ListIndex = 1
    Text1.Text = List1.Text + Combo1.Text
End Sub
```

C.
```
Private Sub Command1_Click()
    Text1.Text = List1.ListIndex(2) + Combo1.ListIndex(2)
End Sub
```

D.
```
Private Sub Command1_Click()
    Combo1.ListIndex = 2
    List1.ListIndex = 2
    Text1.Text = List1.Text + Combo1.Text
End Sub
```

62. (　　)控件能用来显示图形。

A. Label　　B. PictureBox　　C. TextBox　　D. OptionButton

63. 假定 Picture1 和 Text1 分别为图片框和文本框的名称,下列语句中错误的是(　　)。

A. Print 25　　B. Picture1.Print 25

C. Text1.Print 25　　D. Debug.Print 25

64. 比较图片框(PictureBox)和图像框(Image)的使用,正确的描述是(　　)。

A. 两类控件都可以设置 AutoSize 属性,以保证装入的图形可以自动改变大小

B. 两类控件都可以设置 Stretch 属性,使得图形根据图片的实际大小进行拉伸调整,保证显示图形的所有部分

C. 当图片框(PictureBox)的 AutoSize 属性为 False 时,只在装入图元文件(*.wmf)时,图形才能自动调整大小以适应图片框的尺寸

D. 当图像框(Image)的 Stretch 属性为 True 时,图像框会自动改变大小以适应图形的大小,使图形充满图像框

65. 滚动条控件的 LargeChange 属性所设置的是(　　)。

A. 单击滚动条滑块和滚动箭头之间的区域时,滚动条控件 Value 属性值的改变量

B. 滚动条中滚动滑块的最大移动位置

C. 滚动条中滚动滑块的最大移动范围

D. 滚动条控件无该属性

66. 在程序运行期间,如果拖动滚动条中的滚动滑块,将触发的事件是(　　)。

A. Move　　B. Change　　C. Scroll　　D. SetFocus

67. 滚动条控件的 Max 属性所设置的是(　　)。

A. 滚动框处于最右位置时,一个滚动条位置的 Value 属性最大设置值

B. 单击滚动滑块和滚动箭头之间的区域时,滚动条中滚动滑块的最大移动量

C. 单击滚动条的箭头区域时,滚动条中滚动滑块的最大移动量

D. 滚动条控件无该属性

68. 水平滚动条 HScroll1 的 MinChange 属性值为 10,表示(　)为 10。

A. 该滚动条值的最大值

B. 拖动滚动滑块时滚动条值的变化量

C. 单击滚动箭头和滚动滑块之间某位置时的滚动条值的变化量

D. 单击滚动箭头时的滚动条值的变化量

69. 当利用 Line 方法添加图时,以下说法正确的是(　　)。

A. 有 7 种不同的线型,而且不管线宽多少都可以绘制虚线或点划线或点线

B. 使用 Line(100,100)－(1000,1200)和 Line(100,100)－Step(900,1100)将绘制两条相同位置的直线

C. 可利用 Line 方法添加矩形,如 Line(300,300)－(2000,2000),BF

D. 可利用 Line 方法添加矩形,如 Line(300,300)－(2300,2300),B+F

70. 要将 Shape 控件的形状设置为圆,应该设置 Shape 控件的(　　)属性。

A. Name　　B. Caption　　C. Shape　　D. Circle

71. 以下关于焦点的叙述中,错误的是(　　)。

A. 如果文本框的 TabStop 属性为 False,则不能接收从键盘上输入的数据

B. 当文本框失去焦点时,触发 LostFocus 事件

C. 当文本框的 Enabled 属性为 False 时,其 Tab 顺序不起作用

D. 可以用 TabIndex 属性改变 Tab 顺序

72. 若在一个应用程序窗体上依次创建了 CommandButton、TextBox、Label 等控件,则运行该程序显示窗体时,(　　)会首先获得焦点。

A. 窗体　　B. CommandButton

C. Label　　D. TextBox

二、填空题

1. 窗体、图片框或图像框中的图形通过对象的(　　)属性设置。

2. 显示指定窗体所用的方法是(　　)。

3. 为使某窗口中的命令按钮"确定(E)"具有如下特性：按 Alt+E 键或按 Enter 键，均可代替用鼠标单击该按钮的操作，应设置该按钮的 Caption 属性值为(　　)，并且设置其(　　)属性值为(　　)。

4. 有时候需要暂时关闭计时器，这可以通过(　　)属性来实现。

5. 设置计时器事件之间的间隔要通过计时器的(　　)属性。

6. 计时器控件能有规律地以一定时间间隔触发(　　)事件，并执行该事件过程中的程序代码。

7. 在 Visual Basic 中向组合框中增加数据项所采用的方法为(　　)。

8. Visual Basic 中有一种控件组合了文本框和列表框的特性，这种控件是(　　)。

9. 在三种不同类型的组合框中，只能选择而不能输入数据的组合框是(　　)。

10. 执行(　　)语句，将会清除列表框 List1 中的所有列表项。

11. 当复选框被选中，它的 Value 属性值为(　　)。

12. 为了在运行时把 d:\pic 文件夹下的图形文件 a.jpg 装入图片框 Picture1，所使用的语句为(　　)。

13. Line 方法用于在容器对象的指定位置画(　　)或(　　)。

14. 当以下程序运行后，在文本框 Text1 中输入"ABC"三个字符时窗体上显示的是(　　)。

```
Private Sub Text1_Change()
   Print Text1.Text
End Sub
```

15. 当以下程序运行后，单击 Command2 按钮，又单击 Command1 按钮，在文本框中显示(　　)。

```
Private Sub Command1_Click( )
   Text1.Text = "努力"
End Sub
Private Sub Command2_Click( )
   Text1.Text = "学习"
End Sub
```

16. 在窗体中添加两个文本框和一个命令按钮，然后在命令按钮的代码窗口中编写如下代码：

```
Private Sub Command1_Click()
   Text1.Text = "VB"
   Text2.Text = Text1.Text
   Text1.Text = "ABC"
End Sub
```

程序运行后，单击命令按钮，两个文本框中显示的内容分别为(　　)和(　　)。

17. 在窗体中添加两个命令按钮，其名称分别为 Command1 和 Command2，窗体加载时要求 Command1 不可用，Command2 可用；单击 Command2 后，Command1 可用。请将下列程序补充完整。

```
Private Sub Command2_Click()
  【1】
End Sub
Private Sub Form_Load()
  【2】
End Sub
```

18. 在窗体上画一个标签（名称为 Label1）和一个计时器（名称为 Timer1），然后编写如下几个事件过程。

```
Private Sub Form_Load()
    Timer1.Enabled = False
    Timer1.Interval =【1】
End Sub
Private Sub Form_Click()
    Timer1.Enabled =【2】
End Sub
Private Sub Timer1_Timer()
    Label1.Caption =【3】
End Sub
```

程序运行后，单击窗体，将在标签中显示当前时间，每隔 1 秒钟变换一次。请填空。

19. 设计一个计时程序（如图 3.17 所示）。由一个文本框（Text1）、两个命令按钮（“开始”按钮（Command1）、“停止”按钮（Command2））组成。程序运行后，单击“开始”按钮，则开始计时，文本框中显示秒数，单击“停止”按钮，则计时停止。单击窗口则退出。请将下列程序补充完整。

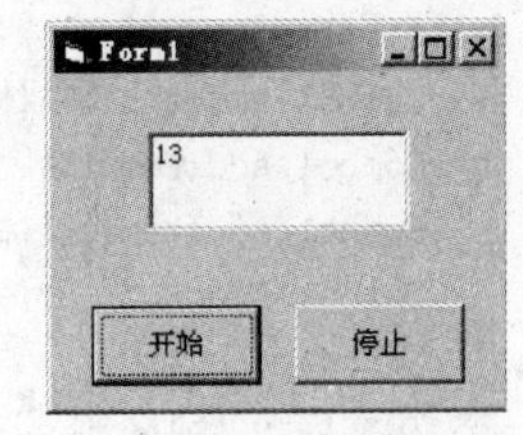

图 3.17　计时程序用户界面

```
Option Explicit
Dim i
Private Sub Command1_Click()
    i = 0
    Timer1.Interval = 1000
    Timer1.Enabled = 【1】
End Sub
Private Sub Command2_Click()
    Timer1.Enabled = False
End Sub
Private Sub Form_Click()
    【2】 Me
End Sub
Private Sub Form_Load()
    Timer1.Enabled = False
    Text1.Text = 0
End Sub
Private Sub Timer1_【3】
    i = i + 1
```

```
    Text1.Text = 【4】
End Sub
```

20. 该程序用户界面如图 3.18 所示，由一个标签(Label1)、一个“退出”按钮(Command1)和两个复选框(Check1、Check2)组成。程序运行后，用户选中“粗体”复选框时“字体改变!”的字体变成粗体；用户选中“斜体”复选框时，“字体改变!”的字体变成斜体；若取消选中复选框，则恢复原字体。单击“退出”按钮，则退出程序。请将下列程序补充完整。

```
Private Sub Check1_Click()
   If Check1.Value = 【1】 Then
      Label1.Font.【2】 = True
   Else
      Label1.Font.Italic = False
   End If
End Sub
Private Sub Check2_Click()
   If Check2.Value = 1 Then
      Label1.Font.Bold = True
   Else
      Label1.Font.【3】 = False
   End If
End Sub
Private Sub Command1_Click()
   【4】
End Sub
```

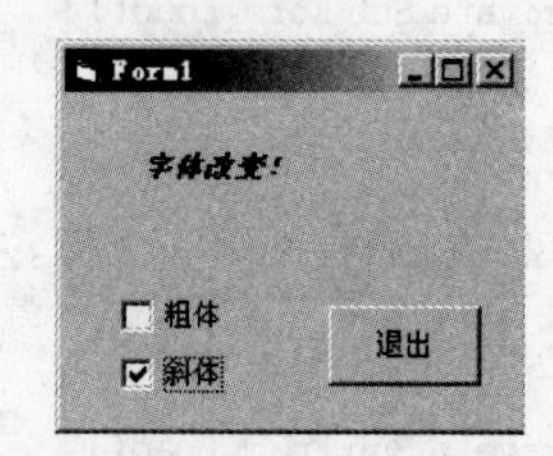

图 3.18 填空题第 20 题用户界面

21. 通过选择组合框中的选项来改变文本框的字体。在窗体中添加一个组合框(Combo1)和一个文本框(Text1)，代码如下，请补充完整。

```
Private Sub Combo1_Click()
    Text1.FontName = Combo1.List【1】
End Sub
Private Sub Form_Load()
    Combo1.AddItem "宋体"
    Combo1.AddItem "隶书"
    Combo1.AddItem "黑体"
    Combo1.AddItem "楷体"
    Combo1.ListIndex = 0
    Text1.FontSize = 30
    Text1.【2】= Combo1.List(0)
End Sub
```

22. 在窗体上画一个名称为 Combo1 的组合框，画两个名称分别 Label1 和 Label2 及 Caption 属性分别为“城市名称”和空白的标签。程序运行后，当在组合框中输入一个新项并按回车键(ASCII 码为 13)后，如果输入的项在组合框的列表中不存在，则自动添加到组合框的列表中，并在 Label2 中给出提示“已成功添加输入项”；如果输入项在列表中存在，则在 Label2 中给出提示“输入项已在组合框中”，程序参考界面见图 3.19。请将程序补充完整。

```
Private Sub Combo1_Keypress【1】
```

```
    If KeyAscii = 13 Then
        For i = 0 To Combo1.ListCount - 1
            If Combo1.Text = 【2】 Then
                Label2.Caption = "输入项已在组合框中"
                Exit Sub
            End If
        Next i
        Label2.Caption = "已成功添加输入项"
        Combo1.【3】Combo1.Text
    End If
End Sub
```

图 3.19 填空题第 22 题用户界面

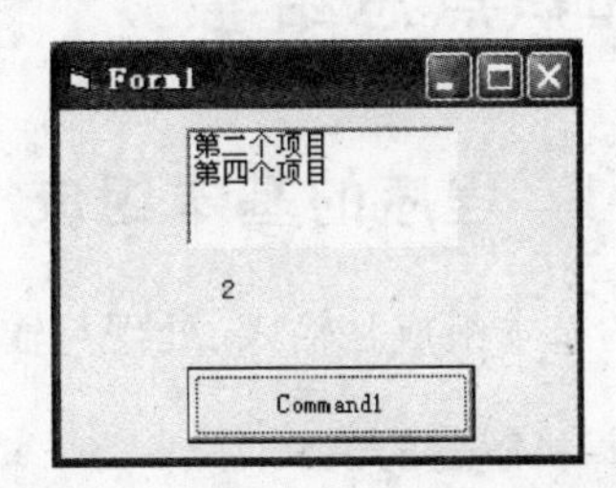

图 3.20 填空题第 23 题用户界面

23. 在窗体上画一个列表框、一个命令按钮和一个标签，其名称分别为 List1、Command1 和 Label1，通过"属性"窗口把列表框中的项目设置为"第一个项目"、"第二个项目"、"第三个项目"、"第四个项目"。程序运行后，在列表框中选择一个项目，然后单击命令按钮，即可将所选择的项目删除，并在标签中显示列表框当前的项目数(见图 3.20)。下面是实现上述功能的程序，请将程序补充完整。

```
Private Sub Command1_Click()
    If List1.ListIndex >= 【1】 Then
        List1.RemoveItem 【2】
        Label1.Caption = 【3】
    Else
        MsgBox "请选择要删除的项目"
    End If
End Sub
```

24. 在窗体上画一个文本框和一个图片框，然后编写如下两个事件过程：

```
Private Sub Form_Click()
    Text1.Text = "VB 程序设计"
End Sub
Private Sub Text1_Change()
    Picture1.Print "VBProgramming"
End Sub
```

程序运行后，单击窗体，在文本框中显示的内容是(　　)，而在图片框中显示的内容是(　　)。

第4章 程序设计基础

4.1 知识点总结

4.1.1 程序的基本组成

程序的基本组成是输入、处理与输出。

1. 计算机解题的模式

利用计算机解题，首先要确定希望得到怎样的“输出”结果；其次需要提供数据，即“输入”；最后，确定如何“处理”输入的数据，才能得到“输出”的结果。

2. 程序设计的步骤

(1) 分析。首先弄清楚程序要做什么，“输出”是什么，需要的“输入”是什么，二者的相互关系是什么。

(2) 设计。采用正确、合理的“算法”来求解问题。

(3) 创建用户界面。确定使用什么样的对象来接收“输入”的数据，用什么样的对象来显示“输出”的结果，以及采用何种方式控制程序的运行。

(4) 编码。利用计算机语言来描述算法的每一个步骤，并输入到计算机中。

(5) 测试与调试。找出并改正程序中存在的错误。

(6) 完成文档。整理和组织描述程序的所有资料。

4.1.2 算法——程序的灵魂

1. 算法的概念

广义地说，为解决一个问题而采取的方法和步骤，就称为“算法”。狭义地说，利用计算机解决某一问题的方法和步骤称为“计算机算法”。

著名计算机科学家沃思(Nikiklaus Wirth)提出：程序＝算法＋数据结构。“数据结构”是“数据间的组织关系”，可见“算法”是程序的核心。

计算机算法分为两类：数值运算算法和非数值运算算法。数值运算算法主要是解决一般数学解析方法难以处理的一些数学问题，如求解超越方程的根、求定积分、解微分方程等；非数值运算算法如对非数值信息的排序、查找等。

2. 算法的特征

(1) 确定性。算法的每一个步骤都应正确无误,没有歧义性。

(2) 可行性。算法的每一个步骤都必须是计算机能够有效执行、可以实现,并可得到确定的值。

(3) 有穷性。一个算法包含的步骤是有限的,在合理的时间限度内可执行完毕。

(4) 输入性。一个算法可以有 0 个或多个输入。

(5) 输出性。一个算法必须有 1 个或多个输出。

4.1.3 算法的三种基本结构

1. 顺序结构

如图 4.1 所示。执行了 A 框指定的操作,接着执行 B 框指定的操作。

2. 选择结构

选择结构也称为“分支结构”。有单分支(见图 4.2(a))、双分支(见图 4.2(b))和多分支(见图 4.3)结构。

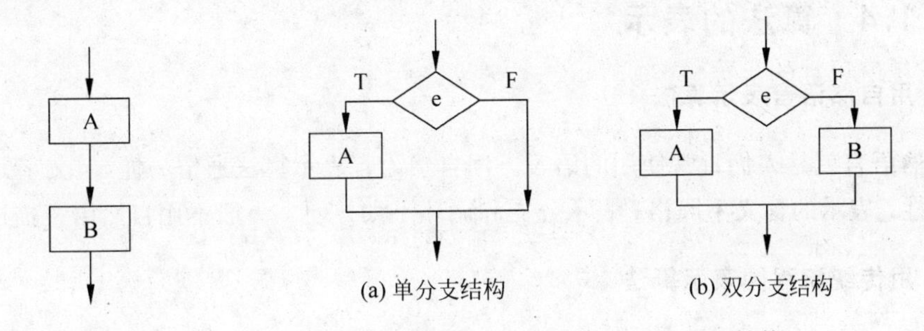

图 4.1 顺序结构

图 4.2 单分支、双分支选择结构

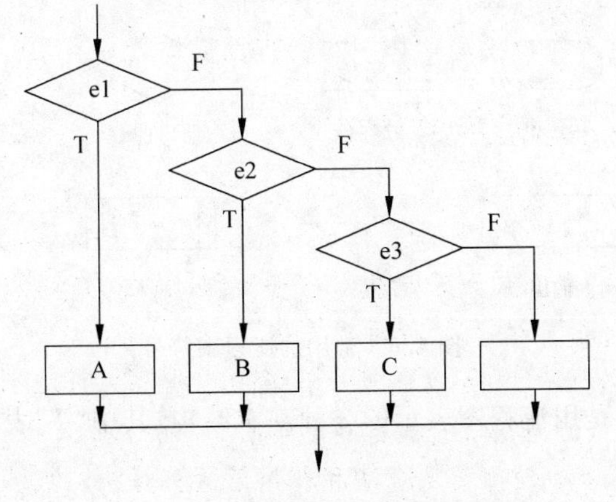

图 4.3 多分支选择结构

3. 循环结构

循环结构也称为“重复结构”。有当型循环结构（见图 4.4(a)）和直到型循环结构（见图 4.4(b)）。

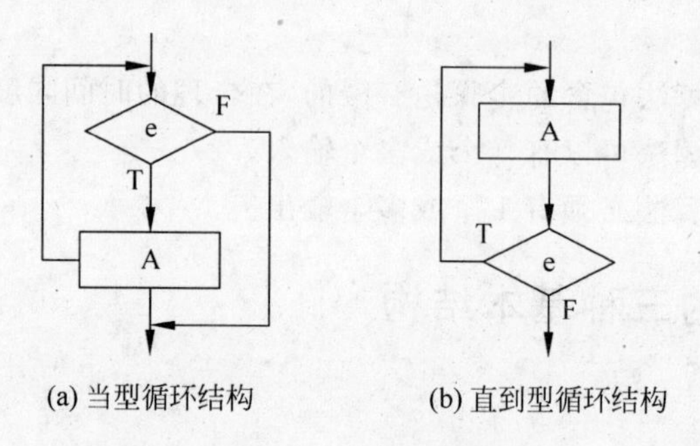

图 4.4 循环结构

理论上已经证明，由以上 3 种基本结构顺序组成的算法结构，可以解决任何复杂的问题。依照结构化的算法编写的程序或程序单元（如过程），其结构清晰、易于理解、易于验证其正确性，也易于查错和排错。我们称之为“结构化程序设计方法”。

4.1.4 算法的表示

1. 用自然语言表示算法

自然语言就是人们日常使用的语言。用自然语言表示算法通俗易懂，但文字冗长，容易出现歧义性；表示的含义不严格；表示分支和循环不太方便。一般不用自然语言描述算法。

2. 用传统流程图表示算法

流程图是用一些图框来表示各种操作，直观形象，易于理解。图 4.5 列出了流程图中常用的一些符号。

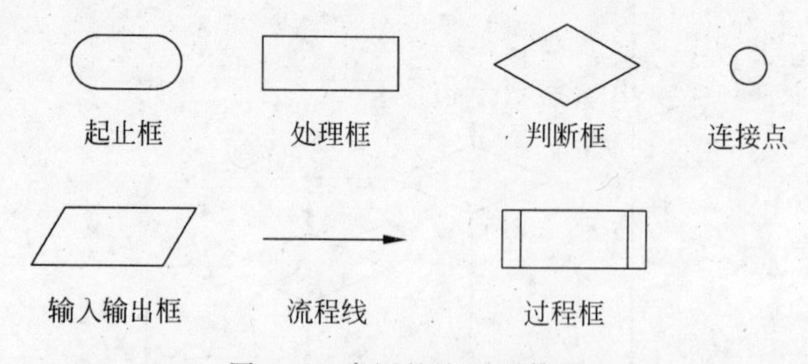

图 4.5 常用的流程图符号

图 4.1～图 4.4 就是用流程图表示的 3 种基本结构，其中“T”表示条件成立，“F”表示条件不成立。

从图 4.1～图 4.4 可以看出，以上三种结构有以下共同特点。

- 只有一个入口。
- 只有一个出口。

◆ 结构内的每一部分都有机会被执行到。

◆ 结构内不存在"死循环"。

3. 用N-S结构化流程图表示算法

1973年美国学者Nassi和Shneiderman提出了一种新的流程图方式。这种流程图完全去掉了传统流程图中的箭头，将全部算法写在一个矩形框内，大框内包含从属的小框。图4.6给出了三种基本结构的N-S图。

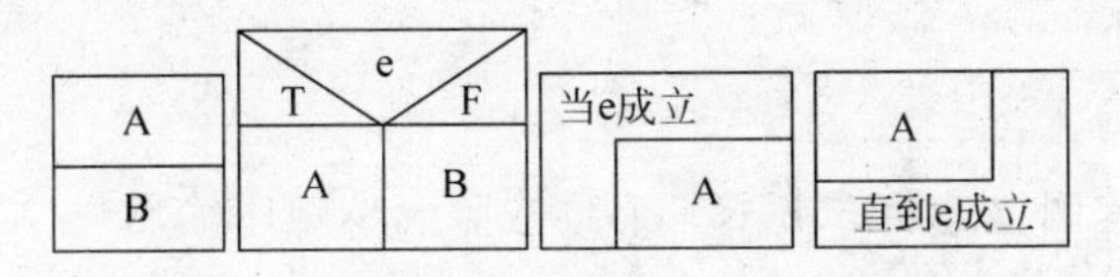

顺序结构 双分支选择结构 当型循环结构 直到型循环结构

图4.6 用N-S图描述三种基本结构

4. 用伪代码表示算法

流程图虽然适合表示算法，但是当设计的算法比较复杂、要反复修改时，修改流程图就很麻烦了。为了方便设计算法，常使用一种称为伪代码的工具。

伪代码是介于自然语言和计算机语言之间的文字和符号，它自上而下地写下来，不用图形符号，因此书写方便，格式紧凑，也易懂。用伪代码写算法无固定的、严格的语法规则，只需表达清楚意思，清晰易读即可。但用伪代码描写算法不直观，可能会出现逻辑上的错误。

5. 用计算机语言表示算法

用计算机语言表示算法必须严格遵守所用语言的语法规则，用计算机语言表示的算法是计算机能够执行的算法。

4.1.5 结构化程序设计方法

一个结构化程序就是用高级语言表示的结构化算法，用3种基本结构组成的程序必然是结构化程序。用以下方法来构建结构化程序。

(1) 自顶向下。

(2) 逐步细化。

(3) 模块化设计。

(4) 结构化编码。

4.2 重点与难点总结

1. 用流程图描述算法。

2. 用N-S图描述算法。

4.3 试题解析

【试题 1】 用流程图描述将 x 和 y 中的数据进行交换的算法。

【分析】 在计算机中将两个数进行交换,要借助第三个数 z(这里的"数"其实是第 5 章要讲到的变量)。具体操作为:首先将 x 中的数放到 z 中保存起来,接着将 y 中的数放到 x 中,最后将 z 中的数放到 y 中。z 可称为"中间变量",程序中用到的一些临时数据可以保存在中间变量里。

【答案】 见图 4.7。

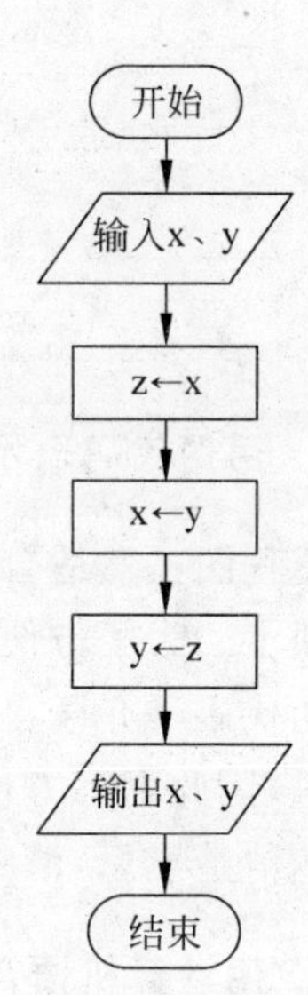

图 4.7 试题 1 流程图

【试题 2】 用流程图描述将 a、b、c 三个数按照大小顺序输出的算法。

【分析】 根据题目要求,需要比较 a、b、c 三个数的大小。三个数比较大小,通常采用两两比较的方法,即前两个数 a 和 b 先比较大小,然后再和第三个数 c 比较。具体操作如下:a 和 b 先比较,如果 a 小于 b,则 a 和 b 交换,这样较大的数放到 a 中,较小的数放到 b 中;然后 a 和 c 比较,如果 c 大于 a,则 c 和 a 交换,这样最大的数就放到了 a 中;最后 b 和 c 比较,如果 c 大于 b,则 c 和 b 交换,这样最小的数就放到了 c 中。依次将 a、b、c 三个数输出,即从大到小输出这三个数。两个数交换的算法在试题 1 中已讲。

【答案】 见图 4.8。

【试题 3】 用流程图描述"对于一个大于 2 的正整数 n,判断它是否是素数"的算法。

【分析】 所谓素数,是指除了 1 和它本身外不能被其他任何整数整除的数。判断一个数(n＞2)是否为素数,就是用 n 对 2～n－1 的各个整数做求余的操作,如果余数都不为 0,则 n 为素数。实际上,n 只需要对 2～$\sqrt{n}$之间的整数求余即可。

【答案】 见图 4.9。

【试题 4】 用 N-S 图描述"判定给出的任意正确的一年 year 是否为闰年"的算法。

【分析】 闰年的条件是:(1)能被 4 整除,但不能被 100 整除的年份是闰年;(2)能被 100 整除,同时也能被 4 整除的年份是闰年。不符合(1)、(2)条件的不是闰年。首先将 year 对 4 求余,如果余数不为 0,则 year 不是闰年;如果余数为 0,再将 year 对 100 求余,如果余数不为 0,则 year 是闰年;如果余数为 0,继续将 year 对 400 求余,如果余数为 0,则 year 是闰年,如果余数不为 0,year 不是闰年。

【答案】 见图 4.10。

【试题 5】 用 N-S 图描述计算 $1-\frac{2}{3}+\frac{3}{5}-\frac{4}{7}+\cdots-\frac{100}{199}$的算法。

【分析】 可以把这道题归纳为累加问题,累加的第一项是 1,第二项是 $-\frac{2}{3}$,第三项是 $+\frac{3}{5}$,第四项是 $-\frac{4}{7}$,最后一项也就是第 100 项是 $-\frac{100}{199}$。累加问题的解决需要使用循环结

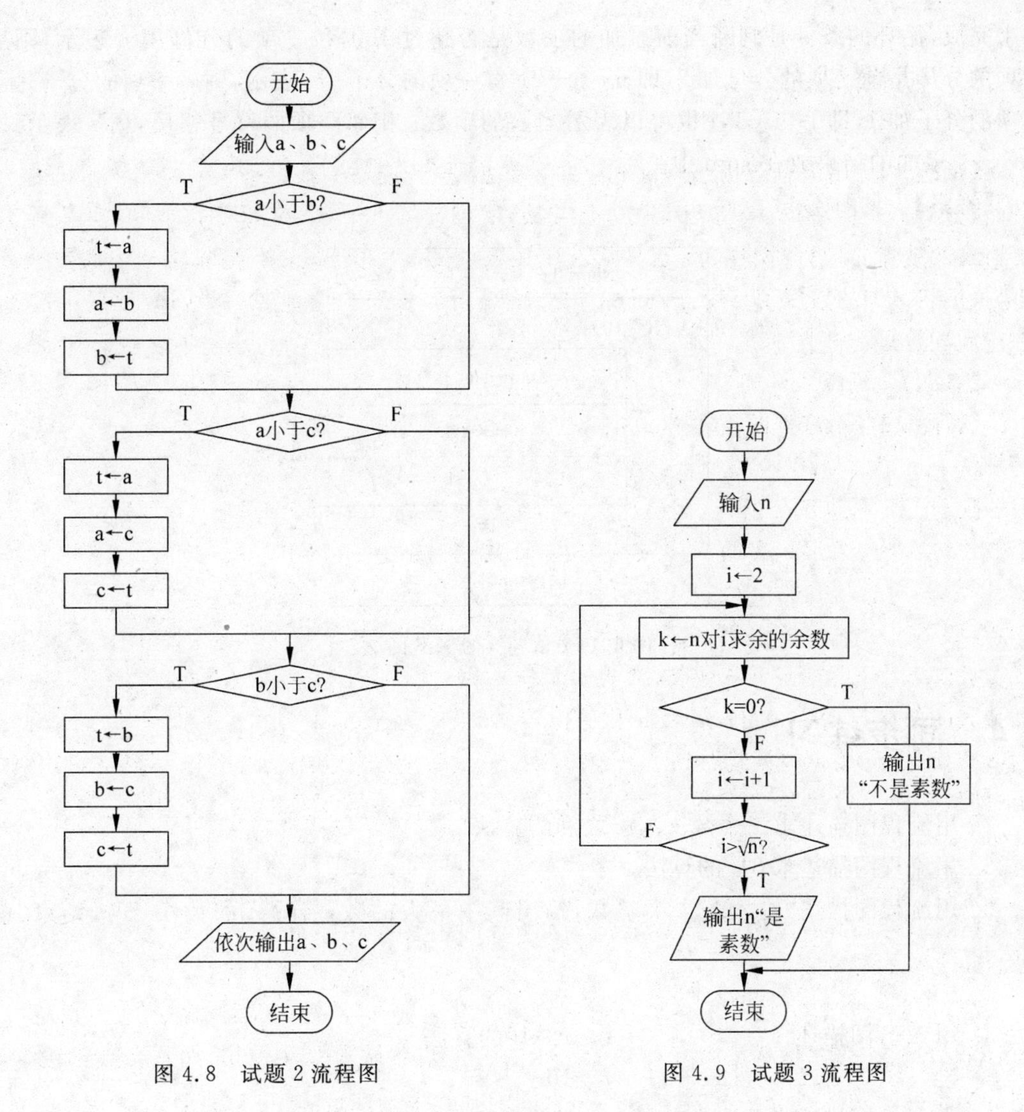

图 4.8　试题 2 流程图

图 4.9　试题 3 流程图

输入year
year对4求余,余数=0?
T
F
year对100求余,余数=0?
F
T
year对400求
余,余数=0?
T
F
输出year
"是闰年"
输出year
"是闰年"
输出year
"不是闰年"
输出year
"不是闰年"

图 4.10　试题 4　N-S 图

构来完成，循环的条件是判断当前累加的项数是否超过100，每一项的分母用n表示，则后一项的分母是前一项的分母加2，即n←n+2；每一项的分子用i表示，则后一项的分子是前一项的分子加1，即i←i+1，i也可以表示当前的项数；相邻两项的符号相反，用s表示，即s←－s；累加的结果放在sum中。

【答案】 见图4.11。

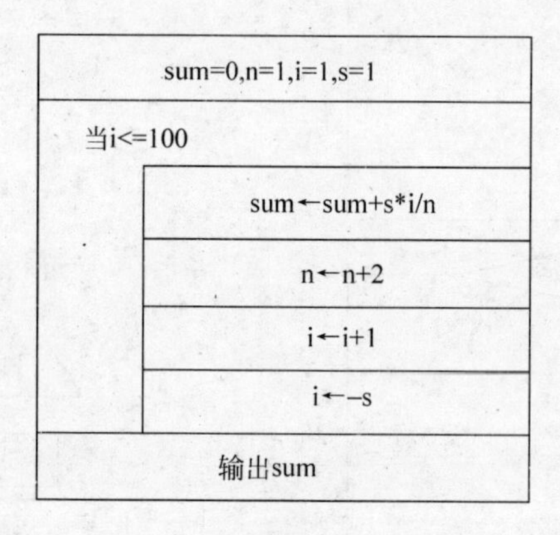

图4.11 试题5的N-S图

4.4 同步练习

1. 用流程图描述求三个数x、y、z之和的算法。

2. 用流程图描述求8! 的算法。

3. 用流程图描述“输入若干个整数，输出其中最大的数，若输入的数小于0，结束”的算法。

4. 用N-S图描述 $y=\begin{cases} x+5 & x<1 \\ x & 1\leqslant x\leqslant 10 \\ 2x-11 & x>10 \end{cases}$ 的算法。

5. 用N-S图描述求两个数的最大公约数的算法。

6. 用N-S图描述求 $ax^2+bx+c=0$ 方程的根的算法。

数据类型

5.1 知识点总结

5.1.1 数据类型

数据类型不同，在内存中的存储结构就不同，占用空间也不同。VB 基本的数据类型有数值型、字符串型、日期型、布尔型、字节型、对象型、变体型及自定义类型等。

1. 数值型

数值型数据分为整型数和浮点数两类。

(1) 整型数

整型数是指不带小数点和指数符号的数，按表示范围可分为整数和长整数两种。

① 整数(Integer，类型符“%”)

整数在内存中占两个字节(16 位)，十进制整数的取值范围：－32 768～＋32 767。

② 长整数(Long，类型符“&”)

长整数在内存中占 4 个字节(32 位)，十进制长整数的取值范围：－2 147 483 648～＋2 147 483 647。

(2) 浮点数

浮点数是带有小数部分的数值。浮点数由三部分组成：符号、指数和尾数。VB 中浮点数分为两种：单精度浮点数(Single)和双精度浮点数(Double)。

注意：数 12 和数 12.0 对计算机来说是不同的，前者是整数(占 2 个字节)，后者是浮点数(占 4 个字节)。

① 单精度浮点数(Single，类型符“!”)

Single 类型的数据在内存中占 4 个字节(32 位)，有效数字为 7 位十进制数，取值范围：

负数－3.402 823E＋38～－1.401 298E－45

正数 1.401 298E－45～3.402 823E＋38

② 双精度浮点数(Double，类型符“#”)

Double 类型的数据在内存中占 8 个字节(64 位)，有效数字为 15 或 16 位，取值范围：

负数－4.940 65D－324～－1.797 693 134 862 316D＋308

正数 1.797 693 134 862 316D＋308～4.940 65D－324

2. 字符串型(String,类型符"$")

字符串是一个字符序列,必须用西文双引号括起来。字符串可分为变长字符串和定长字符串两种。

(1) 变长字符串(长度为字符串长度)

例如 Dim a As String (注:声明一个变量 a,数据类型为 String,详见 4.1.2 节)

```
a = "asd"
a = "456789"
```

变量 a 为字符串型的变量,上面两条赋值语句将两个不同的字符串分别赋值给 a,第一条赋值语句执行后,a 的长度为 3(长度即为字符的个数),第二条赋值语句执行后,a 的长度变为 6。

(2) 定长字符串(长度为规定长度)

对于定长字符串,若字符长度低于规定长度,则用空格填满;若字符长度多于规定长度,则截去多余的字符。

例如 Dim b As String * 10 (注:声明一个变量 b,数据类型为 String * 10)

字符串变量 b 的长度最大为 10,即不能将超过 10 个字符的字符串放到 b 中。

注意:

- 双引号为分界符,输入和输出时并不显示。
- 字符串中字符的个数称为字符串长度。
- 长度为零的字符串称为空字符串,比如"",引号里面没有任何内容。
- 字符串中包含的字符区分大小写。

3. 日期型(Date)

在内存中占 8 个字节,以浮点数形式存储。用"#"括起来放置日期和时间,允许用各种表示日期和时间的格式。

日期型数据的日期表示范围为:100 年 1 月 1 日~9999 年 12 月 31 日。

日期型数据的时间表示范围为:00:00:00~23:59:59。

4. 布尔型(Boolean)

布尔型数据也称逻辑型数据,在内存中占 2 个字节。布尔型数据只有两个可能的值:True(真)和 False(假)。

若将布尔型数据转换成数值型,则:True 为-1,False 为 0。

当数值型数据转换为布尔型数据时,非 0 的数据转换为 True,0 转换为 False。

5. 字节型(Byte)

一般用于存储二进制数。字节型数据在内存中占 1 个字节。字节型数据的取值范围:0~255。

6. 对象型(Object)

对象型数据在内存中占4个字节,用以引用应用程序中的对象。

7. 变体型(Variant)

变体数据类型是一种特殊的数据类型,具有很大的灵活性,可以表示多种数据类型,其最终的类型由赋予它的值来确定。

8. 用户自定义类型

自定义类型由Type语句来实现。用户自定义类型的数据由若干个不同类型的基本数据组成。格式如下:

```
Type 自定义类型名
元素名1 As 类型名
元素名2 As 类型名
……
元素名n As 类型名
End Type
```

用户自定义数据类型也称为“记录类型”。

5.1.2 常量和变量

1. 变量

(1) 变量的命名规则

① VB中合法的变量名必须以字母或汉字开头。

② 由字母、汉字、数字或下划线组成。

③ 长度不超过255个字符。

④ 不许使用VB中的关键字。

⑤ 不区分大小写。

(2) 变量的类型和定义

任何变量都属于一定的数据类型。在VB中,可以用以下几种方式定义变量的数据类型。

① 用类型说明符定义

在变量名后加上类型说明符,详见表5.1。

表5.1 VB数据类型和类型说明符对应表

数据类型	类型说明符	数据类型	类型说明符
整型	%	字符串型	$
长整型	&	双精度型	#
单精度型	!	货币型	@

② 通过定义变量来指定其数据类型

格式：

```
Dim 变量名 As 数据类型
```

注意：如果一个变量未被显式定义，变量名后也没有类型说明符，则被隐含地说明为变体型(Variant)。

(3) 变量的初值

系统默认数值型变量的初值为零，字符串型变量的初值为空，对象型变量的初值为Nothing。

2. 常量

(1) 直接常量

整型常量：1234(十进制)；

&O567(八进制，以 &O 或 & 开头)；

&Hab23(十六进制，以 &H 开头)。

长整型常量：234567(十进制)；

&O56723&(八进制，以 &O 或 & 开头，以 & 结尾)；

&Hab23&(十六进制，以 &H 开头，以 & 结尾)。

单精度常量：23.9，456!，123.456E－5

双精度常量：23.9＃，123.456D－5

日期常量：＃09/09/2009＃，＃ 11:22:33＃，＃09-09-2009＃。

(2) 符号常量

例如 Const G! ＝9.8。

(3) 系统常量

例如 VBblue，VBgreen，VBred。

5.1.3 常用内部函数

1. 类型转换函数

- Int(x)：求不大于自变量 x 的最大整数。
- Fix(x)：去掉一个浮点数的小数部分，保留其整数部分。
- Hex＄(x)：把一个十进制数转换为十六进制数。
- Oct＄(x)：把一个十进制数转换为八进制数。
- Asc(x＄)：返回字符串 x＄中第一个字符的 ASCII 码值。
- Chr＄(x)：把 x 的值转换为相应的 ASCII 字符。
- Str＄(x)：把 x 的值转换为一个字符串，保留符号位。
- Cstr＄(x)：把 x 的值转换为一个字符串，不保留符号位。
- Cint(x)：把 x 的小数部分四舍五入，转换为整数。
- Ccur(x)：把 x 的值转换为货币类型值，小数部分最多保留 4 位且自动四舍五入。

- CDbl(x)：把 x 的值转换为双精度型数。
- CLng(x)：把 x 的小数部分四舍五入转换为长整型数。
- CSng(x)：把 x 的值转换为单精度型数。
- Cvar(x)：把 x 的值转换为变体类型值。
- Val(x)：把字符串转换为数值。

2. 数学函数

- Sin(x)：返回自变量 x 的正弦值。
- Cos(x)：返回自变量 x 的余弦值。
- Tan(x)：返回自变量 x 的正切值。
- Atn(x)：返回自变量 x 的反正切值。
- Abs(x)：返回自变量 x 的绝对值。
- Sgn(x)：返回自变量 x 的符号，x 为负数时，返回－1；x 为 0 时，返回 0；x 为正数时，返回 1。
- Sqr(x)：返回自变量 x 的平方根，x 必须大于或等于 0。
- Exp(x)：返回以 e 为底，以 x 为指数的值，即求 e 的 x 次方。

3. 日期与时间函数

- Day(Now)：返回当前的日期。
- WeekDay(Now)：返回当前的星期。
- Month(Now)：返回当前的月份。
- Year(Now)：返回当前的年份。
- Hour(Now)：返回当前时间中的小时(0～23)。
- Minute(Now)：返回当前时间中的分(0～59)。
- Second(Now)：返回当前时间中的秒 (0～59)。

4. 随机数函数

- Rnd[(x)]：产生一个 0～1 之间的单精度随机数。
- Randomize[(x)]：功能同上，不过更好。

产生[a,b] 区间的随机整数的公式：Int((b－a＋1) * Rnd＋a)。

5. 字符串函数

- LTrim $ (字符串)：去掉字符串左边的空白字符。
- RTrim $ (字符串)：去掉字符串右边的空白字符。
- Left $ (字符串,n)：取字符串左部的 n 个字符。
- Right $ (字符串,n)：取字符串右部的 n 个字符。
- Mid $ (字符串,p,n)：从位置 p 开始取字符串的 n 个字符。
- Len(字符串)：测试字符串的长度。
- String $ (n,字符串)：返回由 n 个字符组成的字符串。

- Space$(n)：返回 n 个空格。
- InStr(字符串 1,字符串 2)：在字符串 1 中查找字符串 2。
- Ucase$(字符串)：把字符串中的小写字母转换为大写字母。
- Lcase$(字符串)：把字符串中的大写字母转换为小写字母。

5.1.4 运算符与表达式

1. 算术运算符

VB 提供了 9 个算术运算符，见表 5.2。

表 5.2 算术运算符

运算符	运算功能	运算优先级别	运算符	运算功能	运算优先级别
^	幂	1	Mod	求余	5
－	取负	2	＋	加	6
*	乘	3	－	减	6
/	浮点除	3	&	字符串连接	7
\	整数除	4	＋	字符串连接	7

(1) 浮点除与整除

浮点除运算符(/)执行标准除法操作，结果为浮点数。

整数除(\)的操作数一般为整数，当操作数为浮点数时，先四舍五入为整型数或长整型数，然后进行整除运算。

(2) 求模运算

求模运算符(Mod)用来求余数，结果为第一个操作数整除第二个操作数所得的余数。

(3) 字符串连接符

"＋"和"&"都是字符串连接符，但为了避免出现错误，尽量用"&"作为字符串连接符。

(4) 算术运算符的运算优先级别

如表 5.2 所示，算术运算符的运算优先级别由高到低依次为：幂运算符(^)→取负(－)→乘(*)→浮点除(/)→整数除(\)→求模(Mod)→加(＋)、减(－)→字符串连接(&、＋)。

2. 关系运算符

关系运算符(见表 5.3)用来对两个表达式的值进行比较，返回结果是一个逻辑值，即 True 或 False。

表 5.3 关系运算符

运 算 符	关 系	运 算 符	关 系
＝	等于	>＝	大于或等于
<>	不等于	<＝	小于或等于
>	大于	Like	比较样式
<	小于	Is	比较对象变量

关系运算符的优先级别相同。

3. 逻辑运算符

逻辑运算也称布尔运算，逻辑运算符有6种，如表5.4所示。

表5.4 逻辑运算符

运算符	功能	运算优先级别	运算符	功能	运算优先级别
Not	取反	1	Xor	异或	4
And	逻辑与	2	Eqv	等价	5
Or	逻辑或	3	Imp	蕴含	6

如表5.4所示，逻辑运算符的运算优先级别由高到低分别为：Not(非)→And(与)→Or(或)→Xor(异或)→Eqv(等价)→Imp(蕴含)。

4. 表达式的执行顺序

(1) 首先进行函数运算。
(2) 接着按照算术运算符的优先级别进行算术运算。
(3) 然后进行关系运算。
(4) 最后按照逻辑运算符的优先级别进行逻辑运算。

5.1.5 数据的输入与输出

1. 数据输出——Print方法

(1) Print方法

Print方法可以在窗体上显示文本字符串和表达式的值，并可在其他图形对象或打印机上输出信息。其一般格式为：

```
[对象名称.]Print [表达式表][,|;]
```

其中，"对象名称"可以是窗体、图片框或打印机，也可以是立即窗口，如果省略，则为当前窗体；"表达式"可有一个或多个，中间用逗号或分号隔开，可以是数值表达式或字符串表达式。

注意：

① Print方法对于表达式，先计算后输出。

② 每执行一次Print方法都要自动换行，可在末尾加逗号或分号在同一行上输出。

(2) 与Print方法有关的函数

① Tab函数

格式：`Tab(n)`

功能：把光标移到由参数n指定的位置，从这个位置开始输出信息。

② Spc函数

格式：`Spc(n)`

功能：在输出时跳过 n 个空格。

③ 空格函数

格式：**Space $ (n)**

功能：返回一个由 n 个空格组成的字符串。

(3) 格式输出

用格式输出函数 Format $ 可以使数值或日期按指定的格式输出。一般格式为：

Format $ (数值表达式, 格式字符串)

其功能为按“格式字符串”指定的格式输出“数值表达式”的值。如果省略“格式字符串”，则 Format $ 函数的功能与 Str $ 函数基本相同，唯一的差别是，当把正数转换成字符串时，Str $ 函数在字符串前面留有一个空格，而 Format $ 函数不留空格。

(4) 其他方法和属性

① Cls 方法

格式：**[对象.]Cls**

功能：该方法清除由 Print 方法显示的文本或在图片框中显示的图形。

② Move 方法

格式：**[对象.]Move 左边距离[, 上边距离 [, 宽度 [, 高度]]]**

功能：该方法用来移动窗体和控件，并可改变其大小。

③ TextHeight 和 TextWidth 方法

格式：**[对象.]TextHeight(字符串)**
　　　[对象.]TextWidth(字符串)

功能：返回一个文本字符串的高度值和宽度值。

2. 数据输入——InputBox 函数

InputBox 函数可产生一个对话框(见图 5.1)，这个对话框作为输入数据的界面，等待用户输入数据，并返回所输入的内容，其格式为：

InputBox(Prompt[,Title][,Default][,Xpos,Ypos][,Helpfile,Context])

图 5.1　InputBox 函数对话框

该函数有 7 个参数，其中：

- Prompt 是一个字符串，显示在对话框内的信息，提示用户输入。必须要有这个参数。

- Title 是可选参数。显示在对话框标题栏中的字符串表达式。
- Default 是可选参数。显示在文本框中的字符串表达式。
- Xpos、Ypos 是可选参数。数值表达式,成对出现。

3. MsgBox 函数和 MsgBox 语句

(1) MsgBox 函数

MsgBox 函数用来显示提示信息对话框,如图 5.2 所示。

MsgBox 函数的格式如下:

```
MsgBox(Msg[, Type][, Title][, Helpfile, Context])
```

该函数有 5 个参数,其中:

- Msg 是一个字符串,作为显示信息出现在 MsgBox 函数产生的对话框内,必须要有这个参数。

图 5.2 MsgBox 函数对话框

- Type 是一个整数值,由 4 类数值相加产生,用来控制在对话框内显示的按钮、图标的种类及数量,是一个可选参数。
- Title 是一个字符串,用来显示对话框的标题,是一个可选参数。

(2) MsgBox 语句

MsgBox 函数也可以写成语句形式,格式为:

```
MsgBox Msg$ [, Type%][, Title$][, Helpfile, Context]
```

各参数的含义及作用与 MsgBox 函数相同,由于 MsgBox 语句没有返回值,因而常用于较简单的信息显示。

5.2 重点与难点总结

1. 基本数据类型的应用。
2. 变量命名规则。
3. 常用内部函数的应用。
4. 运算符的优先级别及表达式的求值。
5. Print 方法、InputBox 函数、MsgBox 函数的使用。

5.3 试题解析

一、选择题

【试题 1】 以下合法的 VB 标识符是(　　)。

A. DoLoop　　B. Dim　　C. 4xyz　　D. a%

【分析】 VB 中合法的变量名必须以字母或汉字开头;由字母、汉字、数字或下划线组成；长度不超过 255 个字符；不许使用 VB 中的关键字；不区分大小写。

【答案】 A

【试题 2】 下面可以正确定义 2 个整型变量和 1 个字符串型变量的语句是(　　)。

A. Dim a，b As Integer，c As String　　B. Dim a%，b$，c As String

C. Dim a As Integer，b，c As String　　D. Dim a%，b As Integer，c As String

【分析】 用一个 Dim 定义多个变量时，在每个变量名后都要用"As 数据类型"或类型说明符给出变量的数据类型，否则变量为变体型变量。%是 Integer 类型的类型说明符，$是 String 类型的类型说明符。

【答案】 D

【试题 3】 表达式 7 Mod 4+4\2*2 的值是(　　)。

A. 0　　B. 2　　C. 4　　D. 6

【分析】 在算术表达式中，算术运算符的运算优先级别由高到低为：幂运算符(^)→取负(-)→乘(*)、浮点除(/)→整数除(\)→求模(Mod)→加(+)、减(-)。7 Mod 4 值为 3，4\2*2 值为 1，相加为 4。

【答案】 C

【试题 4】 以下关系表达式中，其值为 False 的是(　　)。

A. "ABC"<"AbC"　　B. "the"<>"they"

C. "123"<>123　　D. "123">"123-5"

【分析】 字符串进行关系比较时，是根据对应字符的 ASCII 码值的大小来进行比较。A 选项中比较的两个字符串的第一个字符相同，对应的第二个字符"B"<"b"，因此，"ABC"<"AbC"值为 True。B 选项两个字符串不同，所以"the"<>"they"值为 True。C 选项要比较的一个是字符串，一个是数值，不相等，因此"123"<>123 值为 True。D 选项中比较的两个字符串前三个对应字符都相等，"123-5"后还有"-5"，而"123"后没有字符了，所以"123"应该小于"123-5"。

【答案】 D

【试题 5】 设 a=5，b=10，则执行 c=Int((b-a)*Rnd+a)+1 后，c 值的范围为(　　)。

A. 5～10　　B. 6～9　　C. 6～10　　D. 5～9

【分析】 Rnd 函数取值范围是(0,1)，(b-a)*Rnd 的取值范围是(0,5)，(b-a)*Rnd+a 的取值范围是(5,10)，Int 函数取整后，范围为 5～9，再加 1，范围为 6～10。

【答案】 C

【试题 6】 执行语句 s=Len(Mid("Program ",3,4))后，s 的值是(　　)。

A. gram　　B. ogra　　C. 4　　D. 7

【分析】 Mid("Program ",3,4)是指从字符串 Program 中取从第 3 个字符开始的 4 个字符，即 ogra。Len("ogra")是取字符串 ogra 的长度，为 4。所以 s 的值为 4。

【答案】 C

【试题 7】 在窗体上画一个命令按钮，其名称为 Command1，然后编写如下事件过程：

```
Private Sub Command1_Click()
    a = 12345.468
    Print Format$(a, "##00.00")
```

```
End Sub
```

程序运行后，单击命令按钮，窗体上显示的是（ ）。

A. 12345.00　　B. 12345.47　　C. 12345.46　　D. 1234.5

【分析】 在 Format 函数中，# 和 0 都表示数字位。不同的是，在整数部分，多余的 # 不会显示，而 0 会显示；在小数部分，# 和 0 都用来表示小数点后显示的位数。多余的位数按四舍五入处理。所以该题整数部分为 12345，小数部分小数点后第三位四舍五入为 47，所以结果为 12345.47。

【答案】 B

【试题 8】 在窗体上画一个命令按钮和一个文本框，其名称分别为 Command1 和 Text1，把文本框的 Text 属性设置为空白，然后编写如下事件过程：

```
Private Sub Command1_Click()
    a = InputBox("Enter an Integer")
    b = InputBox("Enter an Integer Number")
    Text1.Text = b + a
End Sub
```

程序运行后，单击命令按钮，如果在输入对话框中分别输入 12 和 34，则文本框中显示的内容是（ ）。

A. 1234　　B. 46　　C. 3412　　D. 出错

【分析】 InputBox 函数的返回值为字符串，所以 a、b 的值分别为"12"、"34"，b+a 即为"34"+"12"，这里的"+"是字符串连接符，所以文本框中显示为 3412。

【答案】 C

【试题 9】 假定有如下的命令按钮（名称为 Command1）的 Click 事件过程：

```
Private Sub Command1_Click()
    x = InputBox("输入：", "输入整数")
    MsgBox "输入的数据是：", , "输入数据：" + x
End Sub
```

程序运行后，单击命令按钮，如果从键盘上输入整数 18，则以下叙述中错误的是（ ）。

A. x 的值是数值 18

B. 输入对话框的标题是"输入整数"

C. 信息框的标题是"输入数据：18"

D. 信息框中显示的是"输入的数据是："

【分析】 InputBox 函数的返回值是字符串，所以 A 选项错误。

【答案】 A

二、填空题

【试题 1】 设 a=1，b=2，c=3，d=4，表达式 c>2 * a Or b<>a+3 And d<c Or a Mod d=1 的值为（ ）。

【分析】 包含多种运算的表达式中，运算的优先级别为：首先进行函数运算，接着进行算术运算，然后进行关系运算，最后进行逻辑运算。运算时还要注意每一类运算符的优先级别。表达式 c>2 * a Or b<>a+3 And d<c Or a Mod d=1→ c>2 Or b<>4 And d<c Or 1=1 →True Or True And False Or True→True Or False Or True→True。

【答案】 True

【试题 2】 设 a=5.6,b=-4.8,则 Fix(a)=(　　),Int(a)=(　　),Fix(b)=(　　),Int(b)=(　　)。

【分析】 Fix(x)和 Int(x)这两个函数都是取整函数,当参数 x>=0 时,Fix(x)和 Int(x)的值为 x 的整数部分;当参数 x<0 时,Int(x)的值为 x 的整数部分减 1,Fix(x)的值为 x 的整数部分。Fix(a)值为 5,Int(a)值为 5,Fix(b)值为-4,Int(b)值为-5。

【答案】 Fix(a)=5,Int(a)=5,Fix(b)=-4,Int(b)=-5

【试题 3】 设 a="12345678",则表达式 Val(Left(a,2) & Right(a,3))的值为(　　)。

【分析】 "Left $ (字符串,n)"函数是取字符串左部的 n 个字符;"Right $ (字符串,n)"函数是取字符串右部的 n 个字符;Val(x)函数是把字符串转换为数值。所以表达式 Val(Left(a,2) & Right(a,3))=Val("12" & "678")=Val("12678")=12678。

【答案】 12678

【试题 4】 数学表达式 4e3×ln2+sinx-2a(8+b)转换为 VB 表达式是(　　)。

【分析】 e3 转换为 exp(3),ln2 转换为 log(2),sinx 转换为 sin(x),则转换为 VB 表达式是:4 * exp(3) * log(2)+sin(x)-2 * a * (8+b)。

【答案】 4 * exp(3) * log(2)+sin(x)-2 * a * (8+b)

【试题 5】 描述"Y 是一个奇数,同时也是一个非负整数"的 VB 表达式是(　　)。

【分析】 "Y 是一个非负整数"应该表示为 Y%>=0,"Y 是一个奇数"应该表示为 Y Mod 2<>0,这两个条件同时成立,所以应为:Y%>=0 And Y% Mod 2<>0。

【答案】 Y%>=0 And Y% Mod 2<>0

【试题 6】 在窗体上画一个名称为 Command1 命令按钮,然后编写如下事件过程:

```
Private Sub Command1_Click()
   c = "1234"
   Print ________
End Sub
```

程序运行后,单击命令按钮,要求在窗体上显示如下内容:

```
4444
```

则在________处填入的内容为(　　)。

【分析】 用 Mid(c,4,1)得到"4",再用 String 函数得到"4444"。

【答案】 String(4,mid(c,4,1))

5.4 同步练习

一、选择题

1. 以下可以作为 VB 变量名的是(　　)。

A. b#b　　B. counstA　　C. 3a　　D. ?AA

2. 以下不合法的变量名是(　　)。

A. 变量名　　B. ab_c　　C. a*bc　　D. 变量1

3. 以下合法的变量名是(　　)。

A. pi　　B. π　　C. print　　D. a+k

4. 以下合法的变量名是(　　)。

A. sin(x)　　B. sinx　　C. false　　D. const

5. 以下合法的常量为(　　)。

A. 23　　B. 34567%　　C. 123.4/2　　D. &O87

6. 下面为合法的双精度常量的是(　　)。

A. 45　　B. 23!　　C. 25.9e5　　D. 23d4

7. 下面合法的字符串型常量为(　　)。

A. “123　　B. “456”　　C. #09072009#　　D. 'abcd'

8. 下面合法的常量是(　　)。

A. &123O　　B. &O78　　C. & abcd　　D. true

9. 下面合法的常量是(　　)。

A. #09/31/2009#　　B. #09-29-2009#

C. #20/11/56#　　D. # 0#

10. 表达式 5*5\5/5 的值为(　　)。

A. 5　　B. 25　　C. 0　　D. 1

11. 表达式 Sgn(-6^2)的值为(　　)。

A. 0　　B. -1　　C. 1　　D. -36

12. 表达式 Int(234.567 89*1000+0.5)/1000 的值为(　　)。

A. 234.56　　B. 234.567　　C. 234.57　　D. 234.568

13. 表达式 Int(10*Rnd)产生的随机数的范围是(　　)。

A. [1,9]　　B. [1,10]　　C. [0,10]　　D. [0,9]

14. 表达式 Int(-3.5)+Fix(-3.5) 的值为(　　)。

A. -7　　B. -6　　C. -5　　D. -8

15. 表达式 Chr(Asc(“a”))的值是(　　)。

A. a　　B. A　　C. 65　　D. 97

16. Asc(Chr(98))的值为(　　)。

A. 98　　B. B　　C. 66　　D. b

17. 表达式 Abs(-5)+Sqr(Sqr(81))+Exp(0)的值为(　　)。

A. 15　　B. 8　　C. 3　　D. 9

18. 表达式 Val("23")+Sin(1/6*180)*2\2 的值为(　　)。

A. 24　　B. 22　　C. 25　　D. 23.5

19. a$="hijkl",b$="opqrstvb",则 Left(a,2)+Mid(b,5,2)的值为(　　)。

A. hipqrst　　B. hist　　C. histvb　　D. klqr

20. 表达式 Asc("a")+Len("abcd")的值为(　　)。

A. aabcd　　B. Abcd　　C. 101　　D. 69

21. 表达式 Val("234")+Str(456)的值为(　　)。

A. 690　　B. 234456　　C. 出错　　D. 234 456

22.
```
a$ = "visual basic programming"
b$ = "Quick"
c$ = b$ & UCase(Mid(a$, 7, 6)) & Right(a$, 12)
```
c的值为(　　)。

A. Visual BASIC programming　　B. Quick BASIC programming

C. Quick basic programming　　D. Visual basic programming

23. Val("a") & Cstr("456") 的值为(　　)。

A. 0456　　B. a 456　　C. a456　　D. 557

24. 表达式 3 ^ 2 * 2 + 3 Mod 10 \ 4 的值是(　　)。

A. 18　　B. 1　　C. 19　　D. 0

25. 设 m=2,n=3,c=6,d=0,表达式 Not(m>n Or c>=d And Not d)的值为(　　)。

A. -1　　B. 1　　C. True　　D. False

26. m=4,n=2,d=5,表达式 n^2-4*m*n And m>d Or n<>2 的值为(　　)。

A. -1　　B. 1　　C. False　　D. True

27. 表达式 Len("123 中国人民 Abc")的值为(　　)。

A. 6　　B. 14　　C. 8　　D. 10

28. 数学式子 8≤m≤10 写成 VB 表达式为(　　)。

A. 8<=m<=10　　B. m>=8 Or m<=10

C. m<=10 , m>=8　　D. m>=8 And m<=10

29. 从键盘上输入两个字符串,分别保存在 st1、st2 中,判断 st2 在 st1 中起始位置的函数为(　　)。

A. Left(st1,st2)　　B. Mid(st1,st2)

C. Sting(st1,st2)　　D. Instr(st1,st2)

30. 可以同时删除字符串前导和尾部的空白的函数为(　　)。

A. Ltrim　　B. Rtrim　　C. Trim　　D. mid

31. 定义变量如下:

```
Dim MyVar
MyVar = "come see me"
```

若要在立即窗口中显示 MyVar 的值,下面正确的是(　　)。

A. Debug. Print MyVar　　B. PictureBox. Print MyVar

C. Printer. Print MyVar　　D. Print MyVar

32. 阅读程序:

```
Private Sub Command1_Click()
```

```
  a = 10: b = 15: c = 20: d = 25
  Print a; Spc(5); b; Spc(5); c
  Print b; Space$(5); b; Space$(5); c
  Print c; Spc(2); "+"; Spc(2); d;
  Print Spc(2); "="; Spc(2); c + d
End Sub
```

程序运行后,单击窗体,输出的结果是(　　)。

A.
```
Form1
10       15       20
15       15       20
20   +   25   =   45
```

B.
```
Form1
10       15       20
15   15   20
20   +   25   =   45
```

C.
```
Form1
10       15       20
15       15       20
20  +  25  =  45
```

D.
```
Form1
10   15   20
15   15   20
20  +  25  =  45
```

33. 如果在立即窗口中执行以下操作(<CR>是回车键),则输出的结果是(　　)。

```
a = 8 <CR>
b = 9 <CR>
Print a > b <CR>
```

A. －1　　　B. 0　　　C. False　　　D. True

34. 如果变量 a、b、c 均为整型,下列程序段的输出结果为(　　)。

```
a = 2
b = 3
c = a * b
Print a & " * " & b & " = "& c
```

A. c=6　　　B. a*b=c　　　C. 2*3=6　　　D. a*b=6

35. 在窗体中添加一个名称为 Command1 的命令按钮,然后编写如下程序:

```
Private Sub Command1_Click()
  Print Tab(1); "第一"
  Print Tab(6); "第二";
End Sub
```

程序运行后,如果单击命令按钮,在窗体上显示的内容是(□表示空格)(　　)。

A. 第一□第二　　　B. 第一第二□

C. 第一□
第二　　　D. 第一□
　　第二

36. 在窗体上添加一个命令按钮和一个文本框,并在命令按钮中编写如下代码:

```
Private Sub Command1_Click( )
   A = 1.2
   C = Len(Str$(A) + Space(10))
   Text1.text = C
End Sub
```

程序运行后,单击命令按钮,在文本框中显示(　　)。

A. 3　　B. 8　　C. 14　　D. 10

37. 以下语句的输出结果是(　　)。

```
Print Format$(1234.5,"00,000.00")
```

A. 1234.5　　B. 01,234.50　　C. 01,234.5　　D. 1,234.50

38. 以下语句的输出结果是(　　)。

```
Print Format$(32548.5,"$####,##.00")
```

A. $32548.5　　B. 32,548.5

C. $32,548.50　　D. 32548.50

39. 执行如下语句:

```
a = InputBox("Today", "Tomorrow", "Yesterday", , , "Day before yesterday", 5)
```

将显示一个输入对话框,在对话框的输入区中显示的信息是(　　)。

A. Today　　B. Tomorrow

C. Yesterday　　D. Day before yesterday

40. 在窗体上画一个命令按钮和一个文本框,其名称分别为Cmd1和Txt1,把文本框的Txt1属性设置为空白,然后编写如下事件过程:

```
Private Sub Cmd1_Click()
   m = InputBox("Enter an integer")
   n = InputBox("Enter an integer")
   Txt1.Text = n + m
End Sub
```

程序运行后,单击命令按钮,如果在输入对话框中分别输入18和20,则文本框中显示的内容是(　　)。

A. 2018　　B. 38　　C. 1820　　D. 出错

41. 在MsgBox函数中必需的参数是(　　)。

A. Prompt　　B. Buttons　　C. Title　　D. Context

42. 执行下面的语句后,所产生的信息框的标题是(　　)。

```
a = MsgBox("AAAA","BBBB","CCCC")
```

A. AAAA　　B. BBBB

C. CCCC　　D. 出错,不能产生信息框

43. 设有如下程序:

```
Private Sub Form_Click()
   i = MsgBox("AAAAA", 2, "BB")
End Sub
```

程序运行后,单击窗体,则在窗体上显示的内容是(　　)。

A. 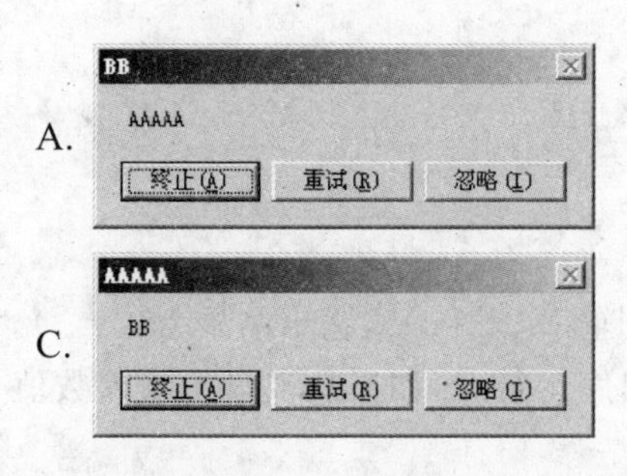

B. 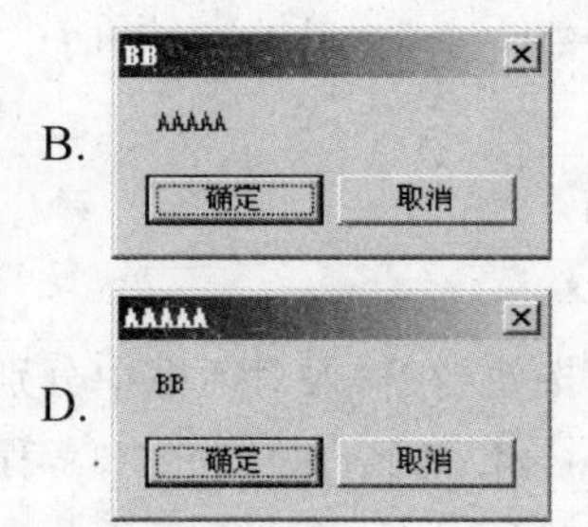

C.

D. AAAAA BB 确定 取消

44. 在窗体上画一个命令按钮，名称为 Command1，然后编写如下事件过程：

```
Private Sub Command1_Click()
  a$ = "visualbasicprogramming"
  b$ = Right(a$,11)
  c$ = Mid(a$, 1, 11)
  MsgBox a$, , b$, c$, 1
End Sub
```

运行程序，单击命令按钮，则在弹出的信息框的标题栏中显示的是(　　)。

A. visualbasicprogramming　　　　B. programming

C. visualbasic　　　　D. 1

45. 以下关于 MsgBox 的叙述中，错误的是(　　)。

A. MsgBox 函数返回一个整数

B. 通过 MsgBox 函数可以设置信息框中图标和按钮的类型

C. MsgBox 语句没有返回值

D. MsgBox 函数的第二个参数是一个整数，该参数只能确定对话框中显示的按钮数量

二、填空题

1. VB 中，常量 234、23456&、234.56E-6、2.34D-7 分别为(　　)、(　　)、(　　)、(　　)类型。

2. 数学式子 $|x+y|+z^5+\frac{10x+\sqrt{3y}}{xy}$ 的 VB 表达式为(　　)。

3. 数学式子 $\frac{-b+\sqrt{b^2-4ac}}{2a}-\sin45°+\frac{e^{10}+\ln10}{\sqrt{x+y+1}}$ 的 VB 表达式为(　　)。

4. 表达式 456+ 45 Mod 10 \ 7 + Asc("A")的值为(　　)。

5. 表达式#11/22/2009# − 10 的值为(　　)。

6. 表达式#10/8/2009# − #09/26/2009#的值为(　　)。

7. 对于没有赋初值的变量，系统默认的值是(　　)类型。

8. 能产生一个在区间[15,26]上的随机整数的 VB 表达式是(　　)。

9. 产生一个两位的随机整数的 VB 表达式是(　　)。

10. 如果 X 是一个正实数，对 X 的第三位小数四舍五入的 VB 表达式是(　　)。

11. 语句 Print "25+32=";25+32 的输出结果是(　　)。

12. 在窗体中添加一个命令按钮，然后编写如下代码：

```
Private Sub Command1_Click()
  a = InputBox("请输入一个整数")
  b = InputBox("请输入一个整数")
  Print Val(a) + Val(b)
End Sub
```

程序运行后,单击命令按钮,在输入对话框中分别输入 21 和 45,输出结果为(　　)。

13. 有语句 x = InputBox("输入数值","0","示例"),程序运行后,如果从键盘上输入数值 10 并按回车键,则变量 x 的值是(　　)。

三、计算下列表达式的值

1. 4>8
2. 9/2
3. 11\5
4. 6.8 Mod 4 * 2
5. True Xor Not 1
6. 6=7 And 7<3
7. Not 3>1 Imp 1<2
8. #10/10/09# -10
9. "SFRT"+"567"
10. "abc"&10
11. "abc" & 89

控制结构

6.1 知识点总结

6.1.1 选择控制结构

1. 单行结构条件语句

格式：**If 条件 Then 部分[Else 部分]**

功能：如果“条件”为 True，则执行“Then 部分”，否则执行“Else 部分”。

2. 块结构条件语句

格式：

```
If 条件 1 Then
  语句块 1
[ElseIf 条件 2 Then
  语句块 2]
[ElseIf 条件 3 Then
  语句块 3]
……
[Else
  语句块 n]
End If
```

功能：如果“条件 1”为 True，则执行“语句块 1”，否则如果“条件 2”为 True，则执行“语句块 2”……如果所有条件都不满足则执行“语句块 n”，若无 Else 及其后面语句，则执行 End If 后面的语句。

块形式的条件语句简化为：

```
If 条件 Then
  语句块
End If
```

3. IIf 函数

IIf 函数可用来执行简单的条件判断操作，它是“If…Then…Else”结构的简写版本。

IIf 函数的格式如下：

```
result = IIf(条件,True 部分,False 部分)
```

其中，“result”是函数的返回值，“条件”是一个逻辑表达式。当“条件”为真时，IIf 函数返回“True 部分”，而当“条件”为假时返回“False 部分”。“True 部分”、“False 部分”可以是表达式、变量或其他函数。

注意：IIf 函数中的 3 个参数都不能省略，而且要求“True 部分”、“False 部分”及结果变量的类型一致。

4. If 语句的嵌套

If 语句中的“Then 部分”和“Else 部分”都可以是条件语句，即条件语句可以嵌套。

当嵌套层数较多时，应注意嵌套的正确性。一般原则是：每一个“Else”部分都与它前面未被配对的“If-Then”配对。

6.1.2 多分支控制结构

多分支控制结构通过情况语句来实现。

1. 情况语句的一般格式

```
Select Case 测试表达式
  Case 表达式列表 1
    语句块 1
  [Case 表达式列表 2
    [语句块 2]]
  ……
  [Case Else
    [语句块 n]]
End Select
```

情况语句以 Select Case 开头，以 End Select 结束。其功能是：根据“测试表达式”的值，从多个语句块中选择符合条件的一个语句块执行。

2. 注意事项

(1) 测试表达式可以是数值表达式或字符串表达式，通常为常量或变量。

(2) 语句块 1、语句块 2……语句块 *n*：由一行或多行语句构成。

(3) 表达式列表 1、表达式列表 2……表达式列表 *n*：称为域值，可以是下列形式之一：

- 表达式[,表达式]……例如：Case 2,4,6,8。
- 表达式 To 表达式。例如：Case 1 To 5。
- Is 关系运算表达式，使用的运算符包括：< <= > >= <> =，例如：
  Case Is=12
  Case Is<a+b
- “表达式列表”中的表达式必须与测试表达式的数据类型相同。

Select Case 语句和 If 语句之间也存在条件语句的嵌套。If 语句中可以嵌套 Select Case 语句，Select Case 语句中也可以嵌套 If 语句。

6.1.3　循环控制结构

1. For 循环控制结构

For 循环也称 For…Next 循环或计数循环。其一般格式如下：

```
For 循环变量 = 初值 To 终值[Step 步长]
  [循环体 1]
  [Exit For]
  [循环体 2]
Next[循环变量][, 循环变量]……
```

其中，循环变量是一个数值变量，不能是下标变量或记录变量；初值：循环变量的初值，是一个数值表达式；终值：循环变量的终值，是一个数值表达式；步长：循环变量的增量，是一个数值表达式，不能为 0，若为 1，可省略；循环体由一个或多个语句构成；Exit For 退出循环语句；Next 循环终端语句，其后的变量应与循环变量相同。

注意：

(1) 初值、终值、步长值可以是整数，也可以为实数，Visual Basic 会自动取整。

(2) 循环次数＝Int(终值－初值)/步长＋1。

2. While 循环控制结构

格式如下：

```
While 条件
  [语句块]
Wend
```

其中，"条件"为一个布尔表达式。

While 循环语句的功能是：当给定的"条件"为 True 时，执行循环中的"语句块"(即循环体)。

3. Do 循环控制结构

Do 循环控制结构不仅可以不按照限定的次数执行循环体内的语句块，而且可以根据循环条件是 True 或 False 决定是否结束循环。Do 循环的格式如下：

(1)

```
Do
  [语句块 1]
  [Exit Do]
Loop [While|Until 循环条件]
```

(2)

```
Do [While|Until 循环条件]
  [语句块 2]
  [Exit Do]
Loop
```

Do 循环语句的功能是：当指定的"循环条件"为 True 或直到指定的"循环条件"变为 True 之前重复执行一组语句(即循环体)。

注意：

① Do、Loop、While、Until 都是关键字。"语句块"是循环体。"循环条件"是一个逻辑表达式。

② 关键字 While、Until、Exit Do 是为了使程序按指定的次数执行循环。While 是当条件为 True 时执行循环,而 Until 则是在条件变为 True 之前执行循环。

③ 格式(1)中,While、Until 在 Loop 之后,称为后置型 Do…Loop 语句,格式(2)为前置型 Do…Loop 语句。后置型语句至少执行一次循环体语句,前置型语句可以一次都不执行循环体语句。

4. 多重循环

通常把循环体内不含有循环语句的循环叫做单层循环,而把循环体内含有循环语句的循环称为多重循环。例如在一个循环体内含有另一个循环语句的循环称为二重循环。多重循环又称多层循环或嵌套循环。

出口语句(Exit)可以在 For 循环和 Do 循环中使用,其作用是根据需要退出循环。有无条件形式和有条件形式两种,使用出口语句能简化循环。

6.2 重点与难点总结

1. If 语句的使用。
2. IIf 函数的使用。
3. Select Case 分支语句的使用。
4. If 语句的嵌套。
5. For 循环语句的使用。
6. Do…Loop 循环语句的使用。
7. 多重循环结构的掌握。

6.3 试题解析

【试题 1】 在窗体上画一个名称为 Command1 的命令按钮,然后编写如下事件过程：

```
Private Sub Command1_Click()
   a = InputBox("输入")
   Select Case a
      Case 1,3
         Print "分支 1" ;
      Case Is > 2
         Print "分支 2" ;
      Case Else
         Print "其他分支 " ;
```

```
  End Select
End Sub
```

程序运行后,如果在"输入"对话框中输入3,则窗体上显示的是(　　)。

A. 分支1　　B. 分支2　　C. 分支1分支2　　D. 程序报错

【分析】 在VB中,如果同一个域值的范围在多个Case子句中出现,则只执行符合要求的第一个Case子句的语句块。

【答案】 A

【试题2】 执行以下程序段后,x的值为(　　)。

```
Dim i As Integer, x As Integer
x = 0
For i = 20 To 1 Step - 2
   x = x + i \ 5
Next i
Print x
```

A. 16　　B. 17　　C. 18　　D. 19

【分析】 该程序段是将1～20中所有的偶数都对5整除,将结果累加到x中,结果为18。

【答案】 C

【试题3】 有如下程序:

```
Private Sub Form_Click()
   Dim i As Integer,sum As Integer
   sum = 0
   For i = 2 To 10
      If i Mod 2 <> 0 And i Mod 3 = 0 Then
         sum = sum + i
      End If
   Next i
   Print sum
End Sub
```

程序运行后,单击窗体,输出结果为(　　)。

A. 12　　B. 30　　C. 24　　D. 18

【分析】 满足条件的i是2～10中不能被2整除但能被3整除的数,即3、9,累加到sum中,结果为12。

【答案】 A

【试题4】 在窗体上画1个名称为Command1的命令按钮,然后编写如下事件过程:

```
Private Sub Command1_Click()
   a = 0
   For i = 1 To 2
      For j = 1 To 6
         If j Mod 2 = 0 Then
            a = a - 1
         End If
```

```
            a = a + 1
        Next j
    Next i
    Print a
End Sub
```

程序运行后，单击命令按钮，输出结果是(　　)。

A. 0　　　　B. 6　　　　C. 3　　　　D. 4

【分析】 在这个双重For循环中，循环次数为12。所以内层循环语句a=a+1执行12次，而a=a−1这条语句是当i为1、2，j分别为2、4、6时执行，所以执行6次，a初值为0，结果为12−6=6。

【答案】 B

【试题5】 在窗体上画一个命令按钮和两个标签，其名称分别为Command1、Label1和Label2，然后编写如下事件过程：

```
Private Sub Command1_Click()
  For i = 1 To 5
      a = a + 1
      b = 0
      For j = 1 To 5
          a = a + 1
          b = b + 2
      Next j
  Next i
  Label1.Caption = Str(a)
  Label2.Caption = Str(b)
End Sub
```

程序运行后，单击命令按钮，在标签Label1和Label2中显示的内容分别为(　　)。

A. 30 和 20　　　　B. 30 和 10　　　　C. 20 和 10　　　　D. 20 和 30

【分析】 外层循环执行5次，内层循环执行25次，所以a=a+1执行了30次，a的值为30。在每一次进入内层循环前，b的值都要重新赋值0，所以b的值是由最后一次当i=5时，进入内层循环，循环变量j变化5次，每次b都加2得到的。所以b的值是10。

【答案】 B

【试题6】 以下循环语句中，在任何情况下都至少执行一次循环体的是(　　)。

A.
```
Do While <条件>
    循环体
Loop
```

B.
```
While <条件>
    循环体
Wend
```

C.
```
Do
    循环体
Loop Until <条件>
```

D.
```
Do Until <条件>
    循环体
Loop
```

【分析】 While、Until在Loop之后，称为后置型Do…Loop语句，While、Until在Do之后，称为前置型Do…Loop语句。后置型语句至少执行一次循环体语句，前置型语句可以一次都不执行循环体语句。While…Wend语句相当于Do while…Loop语句。

【答案】 C

【试题7】 为计算 2+4+6+…+100 的值，某人编程如下：

```
k = 2
s = 0
While k <= 100
  k = k + 2 : s = s + k
Wend
Print s
```

在调试时发现运行结果有错误，需要修改。下列错误原因和修改方案中正确的是(　　)。

A. While…Wend 循环语句错误，应改为 For k=2 To 100 …Next k

B. 循环条件错误，应改为 Whlie k<100

C. 循环前的赋值语句 k=2 错误，应改为 k=0

D. 循环中两条赋值语句的顺序错误，应改为 s=s+k：k=k+2

【分析】 累加问题的解决需要用循环语句完成。在这道题目中，While…Wend 循环语句结构本身没问题，循环条件也是合理的，C 选项中，如果将 k 初值变为 0，还需改动循环条件为 k<100，结果才正确。而 D 选项通过改变循环体语句的顺序，改正了错误。D 选项正确。

【答案】 D

6.4 同步练习

一、选择题

1. 在窗体中添加一个命令按钮 Command1，并编写如下程序：

```
Private Sub Command1_Click()
  x = InputBox("请输入一个数")
  If x ^ 2 = 9 Then y = x
  If x ^ 2 < 9 Then y = 1/x
  If x ^ 2 > 9 Then y = x ^ 2 + 1
  Print y
End Sub
```

程序运行后，在弹出的对话框中输入 3，单击命令按钮，程序的运行结果是(　　)。

A. 3　　B. 0.33　　C. 17　　D. 0.25

2. 下列语句中错误的是(　　)。

A.
```
If a = 3 And b = 2 Then
      c = 3
End If
```

B.
```
If a = 1 Then
      c = 2
ElseIf a = 2 then
      c = 3
End If
```

C.
```
If a = 1 Then c = 2
```

D.
```
If a = 1 Then c = 2
ElseIf a = 2 Then
      c = 3
End If
```

3. 在窗体中添加一个命令按钮(Name 属性为 Command1)，然后编写如下代码：

```
Private Sub Command1_Click()
   s = 0
   For k = 1 To 3
      If k <= 1 Then
         x = 1
      ElseIf k <= 2 Then
         x = 2
      ElseIf k <= 3 Then
         x = 3
      Else
         x = 4
      End If
      Print x;
      s = s + x
   Next k
   Print s
End Sub
```

程序运行后,单击命令按钮 Command1,输出结果是(　　)。

A. 3 3 3 9　　B. 1 2 1 6　　C. 1 1 1 3　　D. 1 2 3 6

4. 当 VB 执行下面语句后,A 的值为(　　)。

```
A = 1
If A > 0 Then A = A + 1
If A > 1 Then A = 0
```

A. 0　　B. 1　　C. 2　　D. 3

5. 设有如下程序:

```
Private Sub Form_Click()
   score = Int(Rnd * 10) + 30
   Select Case score
      Case Is < 10
         a$ = "F"
      Case 10 To 19
         a$ = "D"
      Case 20 To 29
         a$ = "C"
      Case 30 To 39
         a$ = "B"
      Case Else
         a$ = "A"
   End Select
   Print a$
End Sub
```

程序运行后,单击窗体,则在窗体上显示的是(　　)。

A. A　　B. B　　C. C　　D. D

6. 下面程序运行后,输出的结果是(　　)。

```
Private Sub Command1_Click()
```

```
    S = 0
    For K = 1 To 3
        If K <= 1 Then
            X = 1
        ElseIf K <= 2 Then
            X = 2
        ElseIf K <= 3 Then
            X = 3
        Else
            X = 4
        End If
        Print X;
        S = S + K
    Next K
    Print S
End Sub
```

A. 3 3 3 9　　B. 3 2 1 6　　C. 1 1 1 3　　D. 1 2 3 6

7. 在窗体上画一个名称为Command1的命令按钮和两个名称分别为Text1、Text2的文本框，然后编写如下事件过程：

```
Private Sub Command1_Click()
    n = Text1.Text
    Select Case n
        Case 1 To 20
            x = 10
        Case 2, 4, 6
            x = 20
        Case Is < 10
            x = 30
        Case 10
            x = 40
    End Select
    Text2.Text = x
End Sub
```

程序运行后，如果在文本框Text1中输入10，然后单击命令按钮，则在Text2中显示的内容是(　　)。

A. 10　　B. 20　　C. 30　　D. 40

8. 设a=6，则执行x=IIf(a>5,−1,0)后，x的值为(　　)。

A. 5　　B. 6　　C. 0　　D. −1

9. 下面程序段运行后，显示的结果是(　　)。

```
Dim x
If x Then Print x Else Print x + 1
```

A. 1　　B. 0　　C. −1　　D. 显示出错信息

10. 关于语句"If x=1 Then y=1"，下面说法正确的是(　　)。

A. x=1为关系表达式，y=1为赋值语句

B. x=1 和 y=1 均为赋值语句

C. x=1 和 y=1 均为关系表达式

D. x=1 为赋值语句,y=1 为关系表达式

11. 下面程序段求两个数中的大数,(　　)不正确。

A. Max = IIf (x > y , x , y)　　B. If x > y Then Max = x Else Max = y

C. If y >= x Then Max = y　　D. Max = x If y>=x Then Max = y

12. 在某个过程中有语句 For I = N1 to N2 step N3,在该循环体内有下列四条语句,其中会影响循环执行次数的是(　　)。

A. N1=N1 +1　　B. N2=N2 +N3

C. I=I+N3　　D. N3=2 * N3

13. 假定有以下程序段:

```
For i = 1 To 3
   For j = 5 To 1 Step -1
      Print i * j
Next j, i
```

则语句 Print i * j 的执行次数是(　　)。

A. 15　　B. 16　　C. 17　　D. 18

14. 如果整型变量 a、b 的值分别为 3 和 1,则下列语句中循环体的执行次数是(　　)。

```
For I = a to b
   Print I
Next I
```

A. 0　　B. 1　　C. 2　　D. 3

15. 下面程序的功能是:计算 1 到 50 之间的偶数和及偶数平方和,并显示出来。请在________处选择正确答案。

```
Private Sub Form_Click()
    Dim SUM1 As Integer, SUM2 As Integer, I As Integer
    SUM1 = 0: SUM2 = 0
    For I = 2 To 50 Step 2
        SUM1 = ___(1)___
        SUM2 = ___(2)___
    Next I
    Print "偶数和 = ";SUM1
    Print "偶数平方和 = ";SUM2
End Sub
```

(1) A. I　　B. I * I　　C. SUM1+I　　D. SUM2+I * I

(2) A. I　　B. I * I　　C. SUM1+I　　D. SUM2+I * I

16. 在窗体上画一个名称为 Command1 的命令按钮,然后编写如下事件过程:

```
Private Sub Command1_Click()
    For n = 1 To 20
        If n Mod 3 <> 0 Then m = m + n\3
```

```
    Next n
    Print n
End Sub
```

程序运行后，如果单击命令按钮，则窗体上显示的内容是(　　)。

A. 15　　B. 18　　C. 21　　D. 24

17. 以下程序通过 For 循环计算一个表达式的值：

```
Private Sub Command1_Click()
    Dim sum As Double, x As Double
    sum = 0
    n = 0
    For i = 1 To 5
        x = n / i
        n = n + 1
        sum = sum + x
    Next i
End Sub
```

这个表达式是(　　)。

A. 1＋1/2＋ 2/3＋3/4＋4/5　　B. 1＋1/2＋2/3＋3/4

C. 1/2＋2/3＋3/4＋4/5　　D. 1＋1/2＋1/3＋1/4＋1/5

18. 下列关于 Do While …Loop 和 Do…Loop Until 循环执行循环体次数的描述正确的是(　　)。

A. Do While …Loop 循环和 Do…Loop Until 循环至少都执行一次循环体

B. Do While …Loop 循环和 Do…Loop Until 循环可能都不执行循环体

C. Do While …Loop 循环至少执行一次循环体，Do… Loop Until 循环可能不执行循环体

D. Do While …Loop 循环可能不执行循环体，Do… Loop Until 循环至少执行一次循环体

19. 下列程序段中，能正常结束循环的是(　　)。

A.
```
I = 1
Do
    I = I + 2
Loop Until I = 10
```

B.
```
I = 5
Do
    I = I + 1
Loop Until I < 0
```

C.
```
I = 10
Do
    I = I + 1
Loop Until I > 0
```

D.
```
I = 6
Do
    I = I - 2
Loop Until I = 1
```

20. 在窗体中添加两个文本框(其 Name 属性分别为 Text1 和 Text2)和一个命令按钮(其 Name 属性为 Command1)，然后编写如下事件过程：

```
Private Sub Command1_Click()
    x = 0
    Do While x < 10
        x = (x - 2) * (x + 3)
```

```
        n = n + 1
    Loop
    Text1.Text = Str(n)
    Text2.Text = Str(x)
End Sub
```

程序运行后,单击命令按钮,在两个文本框中显示的值分别为(　　)。

A. 1和0　　B. 2和24　　C. 3和50　　D. 4和68

21. 在窗体中添加一个命令按钮(Name属性为Command1),然后编写如下代码:

```
Private Sub Command1_Click()
    Dim k, n, m As Integer
    n = 5
    m = 1
    k = 1
    Do While k <= n
        m = m * 2
        k = k + 1
    Loop
    Print m
End Sub
```

程序运行后,单击命令按钮,输出结果为(　　)。

A. 12　　B. 32　　C. 48　　D. 96

22. 以下能够正确计算n! 的程序是(　　)。

A.
```
Private Sub Command1_Click()
    n = 5: x = 1
    Do
     x = x * i
     i = i + 1
    Loop While i < n
    Print x
  End Sub
```

B.
```
Private Sub Command1_Click()
    n = 5: x = 1: i = 1
    Do
     x = x * i
     i = i + 1
    Loop While i < n
    Print x
  End Sub
```

C.
```
Private Sub Command1_Click()
    n = 5: x = 1: i = 1
    Do
     x = x * i
     i = i + 1
    Loop While i <= n
    Print x
  End Sub
```

D.
```
Private Sub Command1_Click()
    n = 5: x = 1: i = 1
    Do
     x = x * i
     i = i + 1
    Loop While i > n
    Print x
  End Sub
```

23. 在窗体上有一个名称为Command1的命令按钮,然后编写如下事件过程。请在________处选择正确答案。

```
Private Sub Command1_Click()
    Dim a As Integer, s As Integer
    a = 8: s = 1
    ___(1)___
        s = s + a: a = a - 1
```

```
    Loop While a <= 0
    Print s, a
End Sub
```

程序运行后,单击命令按钮,窗体上显示 s 的值为 (2) ,a 的值为 (3) 。

(1) A. For　　B. Do　　C. While　　D. Do While

(2) A. 7　　B. 34　　C. 9　　D. 死循环

(3) A. 9　　B. 0　　C. 7　　D. 死循环

24. 在窗体上画一个名称为 Command1 的命令按钮,然后编写如下事件过程:

```
Private Sub Command1_Click()
    Dim num As Integer
    num = 1
    Do Until num > 6
      Print num;
      num = num + 2.4
    Loop
End Sub
```

程序运行后,单击命令按钮,则窗体上显示的内容是(　　)。

A. 1 3.4 5.8　　B. 1 3 5　　C. 1 4 7　　D. 无数据输出

25. 在窗体上画一个名称为 Command1 的命令按钮,然后编写如下事件过程:

```
Private Sub Command1_Click()
    x = 0
    n = InputBox("")
    For i = 1 To n
       For j = 1 To i
          x = x + 1
       Next j
    Next i
    Print x
End Sub
```

程序运行后,单击命令按钮,如果输入 3,则在窗体上显示的内容是(　　)。

A. 3　　B. 4　　C. 5　　D. 6

26. 设有如下程序:

```
Private Sub Form_Click()
    Print " * ";Tab(6);2,5
    For i = 15 To 16
       Print i;
       For j = 2 To 6 Step 3
          Print Tab(3 * j);j * i;
       Next j
       Print
    Next i
End Sub
```

程序运行后,单击窗体,则在窗体上显示的是(　　)。

A. Form1
```
*    2  5
 15   30        75
 16   32        80
```

B. Form1
```
*      2
       5
 15   30        75
 16   32        80
```

C. 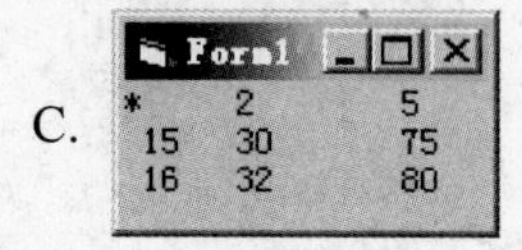

D. Form1
```
* 2             5
 15   30        75
 16   32        80
```

27. 在窗体上画一个命令按钮,名称为 Command1,然后编写如下程序:

```
Private Sub Command1_ Click()
    For I = 1 To 4
        For J = 0 To I
            Print Chr $ (65 + I);
        Next J
        Print
    Next I
End Sub
```

程序运行后,如果单击命令按钮,则在窗体上显示的内容是(　　)。

A. BB	B. A	C. B	D. AA
CCC	BB	CC	BBB
DDDD	CCC	DDD	CCCC
EEEEE	DDDD	EEEE	DDDDD

28. 在窗体中添加一个名称为 Command1 的命令按钮,然后编写如下程序:

```
Private Sub Command1_Click()
    For i = 1 To 4
        a = 1
        For j = 1 To 3
            a = 2
            For k = 1 To 2
                a = a + 6
            Next k
        Next j
    Next i
    Print a
End Sub
```

程序运行后,单击命令按钮,则在窗体上显示的内容是(　　)。

A. 14　　B. 15　　C. 16　　D. 17

29. 设有如下程序:

```
Private Sub Form_Click()
    a = 1
    For i = 1 To 3
        Select Case i
            Case 1, 3
```

```
                a = a + 1
            Case 2, 4
                a = a + 2
        End Select
    Next i
    Print a
End Sub
```

程序运行后,单击窗体,则在窗体上显示的内容是(　　)。

A. 6　　B. 5　　C. 4　　D. 3

30. 在窗体中添加一个标签 Lb1Result 和一个命令按钮 Command1,然后编写程序,程序的功能是单击命令按钮,计算 1+2+3+4+5 的值,并把结果转化为字符串显示在标签内,能够实现上述功能的程序段是(　　)。

A.
```
Private Sub Command1_Click()
    Dim I, R As Integer
    For I = 1 To 5 Step 1
        R = R + I
        Lb1Result.Name = Str$(R)
    Next I
    End Sub
```

B.
```
Private Sub Command1_Click()
    Dim I, R As Integer
      For I = 1 To 5 Step 1
          R = R + I
          Lb1Result.Caption = Str$(R)
      Next I
    End Sub
```

C.
```
Private Sub Command1_Click()
    Dim I, R As Integer
    Do While I < 5
        R = R + I
        I = I + 1
    Loop
    Lb1Result.Caption = Str$(R)
End Sub
```

D.
```
Private Sub Command1_Click()
    Dim I, R As Integer
    Do
        R = R + I
        I = I + 1
    Loop While I < 5
    Lb1Result.Caption = Str$(R)
End Sub
```

31. 下面程序的功能是:读入 n 后,求算式 1+1/2!+1/3!+…+1/n! 的值。请在________处选择正确答案。

```
Private Sub Form_Click()
    Dim SUM As Single, ITEM As Single
    Dim NN As String
    Dim I As Integer, J As Integer, N As Integer
    NN = InputBox("请输入求的项数 n")
    N = __(1)__
    SUM = 1
    For I = 2 To N
      ITEM = 1
      For J = 1 To I
         ITEM = __(2)__
     Next J
     SUM = __(3)__
    Next I
    Print "SUM="; SUM
End Sub
```

(1) A. VAL(NN)　　B. Inputbox(NN)　　C. Asc(NN)　　D. Len(NN)

(2) A. ITEM * J　　B. ITEM＋J　　C. J * J　　D. ITEM * ITEM
(3) A. 1/ITEM　　B. SUM＋1/ITEM　　C. ITEM * ITEM　　D. SUM＋ITEM

二、填空题

1. 窗体中有两个命令按钮(见图 6.1)："显示"(控件名为 CmdDisplay)和"测试"(控件名为 CmdTest)。当单击"测试"按钮时，执行的事件的功能是当在窗体中出现消息框并选中其中的"确定"按钮时，隐藏"显示"按钮；否则退出。请在括号内填入适当的内容，将下列程序补充完整。

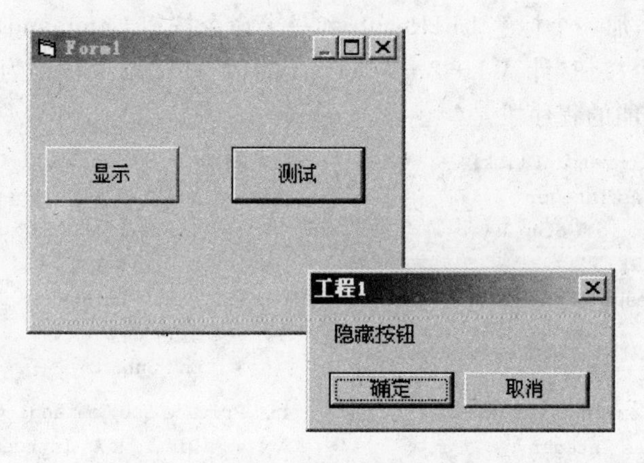

图 6.1　填空题第 1 题用户界面

```
Private Sub CmdTest_Click()
    Answer = (      )("隐藏按钮", 1)
    If Answer = VbOK Then
        CmdDisplay.Visible = (      )
    Else
        End
    End If
End Sub
```

2. 若 i、n 均为整型变量，下列程序段的输出结果为(　　)。

```
Private Sub Form_Click()
    n = 0
    For i = 1 To 10
        If i Mod 2 = 1 Then n = n + 1
    Next i
    Print n
End Sub
```

3. 若 s、i 均为整型变量，执行下列程序后 s 的值为(　　)。

```
s = 0
i = 1
Do
    s = s + i
    i = i + 1
```

```
Loop Until i > 5
```

4. 执行下面的程序段后，变量 S 的值为(　　)。

```
S = 5
For i = 2.6 To 4.9 Step 0.6
    S = S + 1
Next i
```

5. 下面程序运行时，内层循环的循环总次数是(　　)。

```
For m = 1 To 3
    For n = 0 To m - 1
    Next n
Next m
```

6. 执行下面的程序段后，X 的值为(　　)。

```
X = 5
For I = 1 to 10 Step 2
    X = X + I\5
Next I
```

7. 以下程序运行后的结果是(　　)。

```
Private Sub Form_Click()
  For i = 5 To 1 Step -1
    Print Space(10 - i);
    For j = 1 To 2 * i
        Print Trim(Str(i));
    Next j
    Print
  Next i
End Sub
```

8. 以下程序的功能是求 1＋2＋3＋…＋16 的值。请将下列程序补充完整。

```
Dim s As Double, n As Integer
s = 0
n = 1
Do
    s = s + (    )
    n = n + 1
Loop(    )
Print s
```

9. 在窗体中添加一个命令按钮 Command1、一个文本框 Text1 和一个标签 Label1，如图 6.2 所示。在命令按钮的单击事件过程中编写下列程序，程序的功能是在文本框中输入一篇英文短文，统计短文中单词的个数，在标签中显示，假定每个单词中不包含英文字母以外的其他符号。请将下列程序补充完整。

```
Private Sub Command1_Click()
    x = (    )
```

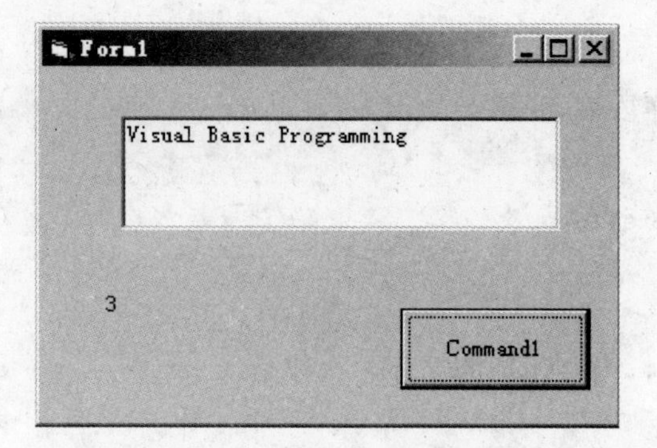

图 6.2 填空题第 9 题用户界面

```
    n = Len(x)
    m = 0
    For i = 1 To n
        y = Ucase(      )
        If y >= "A" And y <= "Z" Then
            If p = 0 Then m = m + 1: p = 1
        Else
            p = 0
        End If
    Next i
    Label1.Caption = (      )
End Sub
```

10. 以下程序的功能是：生成 20 个 200 到 300 之间的随机整数，输出其中能被 5 整除的数并求出它们的和。请填空。

```
Private Sub Command1_Click()
    For i = 1 To 20
        x = Int( (    ) * 200 + 100)
        If (    ) = 0 Then
            Print x
            S = S + (   )
        End If
    Next i
    Print "Sum = "; S
End Sub
```

11. 在窗体中添加一个名称为 TxtScore 的文本框，一个名称为 Command1 的命令按钮，两个标签名称分别为 Label1 和 LblLevel，标题分别为“输入数据”和空白。程序段的功能是：输入一个学生的成绩，对他的成绩进行等级的评定，60 分以下为“不及格”，60～79 分为“及格”，80～89 分为“良”，90～100 分为“优”，其他情况提示“输入错误”。程序运行后，在 TxtScore 文本框中输入数值，单击 Command1 按钮，相应的计算结果显示在 LblLevel 中，程序运行情况如图 6.3 所示，请将下

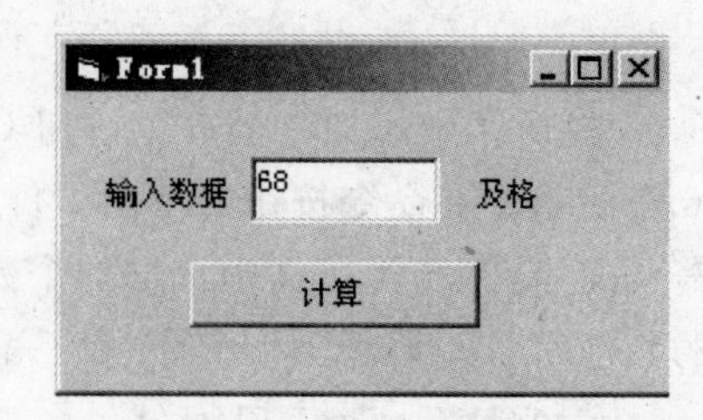

图 6.3 学生成绩等级评定程序界面

列程序补充完整。

```
Private Sub Command1_Click()
   Dim score As Integer
   score = (      )
   If(      )then
     Lb1Level.Caption = "输入错误"
   Else
     Select Case score\10
         Case 0 To 5
            Lb1Level.Caption = "不及格"
         Case 6, 7
            Lb1Level.Caption = "及格"
         Case 8
            Lb1Level.Caption = "良"
         Case(      )
            Lb1Level.Caption = "优"
     End Select
   End If
End Sub
```

12. 下列程序段的功能是输入一元二次方程 $ax^2 + bx + c = 0(a \neq 0)$ 的 3 个系数 a、b、c,并判断它的根的情况,请将下列程序补充完整。

```
Dim a As Single, b As Single, c As Single
Dim delta As Single
a = Val(txtA.Text): b = Val(txtB.Text): c = Val(txtC.Text)
delta = (      )
If delta > 0 Then
    lb1Result.Caption = "有两个不相等的实根"
ElseIf delta = 0 Then
    lb1Result.Caption = "有两个相等的实根"
(      )
    lb1Result.Caption = "没有实根"
End If
```

13. 查找程序:下列程序段是用于在文本框 Text1 显示的文本中查找任意给定的字符串,查找的内容由键盘输入;将查找结果(在文本框中找到该字符串的个数或没有找到)用消息框给出。

```
Private Sub Form_Click()
   Dim Strfind As String, Length As Integer, Sum As Integer, I As Integer
   Strfind = InputBox("请输入查找的字符串内容")
   Length = (      )
   I = 1
   Sum = 0
   Do While I <= (      )
      If Mid(Text1.Text, I, Length) = (      ) Then
         Sum = Sum + 1
      End If
      I = I + 1
```

```
   Loop
   If (      )Then
      MsgBox "没有找到!"
   Else
      MsgBox "找到了" & (      ) & "个"
   End If
End Sub
```

14. 在窗体上画一个名称为 Command1 的命令按钮,编写如下事件过程:

```
Private Sub Command1_Click()
    Dim a As String
    a = (      )
    For i = 1 To 5
        Print Space(6 - i); Mid$ (a, 6 - i, 2 * i - 1)
    Next i
End Sub
```

程序运行后,单击命令按钮,要求窗体上显示的输出结果为:

```
5
456
34567
2345678
123456789
```

请填空。

15. 下列程序段实现在标签中自动依次显示"中国","江苏","镇江","金山",请将程序补充完整。

```
Private Sub Form_Load()
  Label1.AutoSize = True: Label1.FontSize = 24
  Label1.Caption = (      )
  Timer1.Interval = 1000
  Timer1.Enabled = (      )
End Sub
Private Sub Timer1_Timer()
  Select Case Label1.Caption
    Case (      )
        Label1.Caption = "中国"
    Case"中国"
        Label1.Caption = "江苏"
    Case (      )
        Label1.Caption = "镇江"
    Case Else
        Label1.Caption = "金山"
  End Select
End Sub
```

数组

7.1 知识点总结

7.1.1 数组的概念

在 Visual Basic 中,把一组具有同一个名字、不同下标的下标变量称为数组,一般形式为:S(n)。其中 S 称为数组名,n 是下标。

1. 数组的定义

数组应当先定义后使用。Visual Basic 提供了两种定义数组的格式。

(1) 格式一

对于一维数组,格式如下:

```
Dim 数组名(下标上界) As 数据类型名称
```

对于二维数组,格式如下:

```
Dim 数组名(第一维下标上界, 第二维下标上界) As 数据类型名称
```

一般情况下,下标下界值为 0。可以用 Option Base 1 语句将下标的下界值设为 1。

(2) 格式二

格式如下:

```
Dim 数组名([下界 To] 上界[, [下界 To] 上界]……) As 数据类型名称
```

若没有 To,数组的下标的下界只能是 0 或 1,使用 To 后,下标的范围可以是－32 768～32 767。

(3) 注意事项

定义数组时要注意以下几点。

① 数组名的命名规则和变量名相同,取名要“见名知义”。

② 同一个过程中,数组名不能和变量同名。

③ 定义数组时,每一维的长度都是常数。

④ 定义数组时,省略 As 子句,则定义的是默认数组。

⑤ 定义数组时,每一维下标的下界值都必须小于上界值。

2. 默认数组

数据类型为 Variant 的数组称为默认数组。对默认数组而言，同一个数组中可以存放各种不同类型的数据。默认数组是一种“混合数组”。

7.1.2 静态数组和动态数组

静态数组和动态数组由其定义方式决定，即：用数值常数或符号常量作为下标定维的数组是静态数组；用变量作为下标定维的数组是动态数组。

1. 动态数组的定义步骤

(1) 用 Dim 或 Public 声明一个没有下标的数组(括号不能省)。格式为：

```
Dim 数组名() As 数据类型名称
```

(2) 在过程中用 ReDim 语句定义带下标的数组。格式为：

```
ReDim [Preserve] 数组名(下标)
```

注意：用 ReDim 语句能改变动态数组的大小和维数，但不能改变数据类型；使用 Preserve 参数可以使得重新分配动态数组时，数组中原有的内容不会被清除；若没有使用 Preserve 参数，可以改变数组任意一维的长度；若使用 Preserve 参数，则只能改变数组最后一维的长度。

2. 与数组操作有关的几个函数和语句

(1) Array 函数

Array 函数可对数组整体赋值，但它只能给声明为 Variant 类型的变量或仅由括号括起的动态数组赋值。赋值后的数组大小由赋值的个数决定。格式为：

```
数组变量名 = Array(数组元素值)
```

(2) UBound 函数、LBound 函数

LBound 函数返回数组某一维的下界值，Ubound 函数返回数组某一维的上界值，两个函数一起使用可以确定一个数组的大小。格式为：

```
LBound(数组[,维])
UBound(数组[,维])
```

(3) 数组刷新语句

数组刷新语句的格式如下：

```
Erase 数组名[, 数组名]…
```

对静态数组，Erase 语句将数组重新初始化；对动态数组，Erase 语句将释放动态数组所占内存。

(4) For Each…Next 循环语句

与 For…Next 循环语句类似,它们都是用来执行指定重复次数的循环。但 For Each…Next 语句专门作用于数组或对象集合中的每一成员,格式如下:

```
For Each 成员 In 数组名
    循环体
    [Exit For]
Next 成员
```

注意:"成员"是一个 Variant 变量,它实际上代表数组中每一个元素。本语句可以对数组元素进行读取、查询或显示,它所重复执行的次数由数组中元素的个数确定。在不知道数组中元素的数目时非常有用。

7.1.3 数组的基本操作

1. 数组的引用

通常是对数组元素的引用,引用方法如下:

一维数组:**数组名(下标)**

二维数组:**数组名(第一维下标, 第二维下标)**

注意:下标可以是整型变量、常量或表达式,但引用下标不能越界。

2. 数组的输入

数组元素一般通过 For 循环语句及 InputBox 函数输入。

3. 数组的输出

数组元素的输出一般用 For 循环语句及 Print 方法。

4. 数组元素的复制

单个数组元素可以像简单变量一样从一个数组复制到另一个数组,但数组的整体复制须用 For 循环语句实现。

5. 求数组中最大元素、最小元素及所在下标

用 For 循环语句的循环变量控制数组中每一个元素的下标,通过对每一个元素的访问比较,得到最大元素或最小元素,同时记录其下标。

7.1.4 控件数组

1. 基本概念

控件数组由一组相同类型的控件组成,控件数组具有以下特点。

(1) 相同的控件名称(即 Name 属性)。

(2) 控件数组中的控件具有相同的一般属性。

(3) 所有控件共用相同的事件过程,例如:

```
Private Sub CmdName_Click(Index As Integer)
    ……
    If Index = 3 then
      '处理第四个命令按钮的操作
    End If
    ……
End Sub
```

(4) 以下标索引值(Index)来标识各个控件,第一个控件元素的下标索引号为0。

2. 建立控件数组

可以在设计阶段或程序运行时建立控件数组。在设计阶段建立控件数组的步骤如下。

(1) 在窗体上画出控件,进行属性设置,这是建立的第一个元素。

(2) 选中该控件,进行"Copy"操作若干次和"Paste"操作若干次,建立所需个数的控件数组元素。

(3) 进行事件过程的编程。

运行时添加控件数组的步骤如下。

(1) 在窗体上画出控件,设置该控件的Index值为0,表示该控件为数组元素。这是建立的第一个数组元素,可对一些取值相同的属性进行设置。

(2) 在编程时通过Load方法添加其余的若干个元素,也可以通过Unload方法删除某个添加的元素。Load方法和Unload方法的使用格式如下:

```
Load 控件数组名(<表达式>)
Unload 控件数组名(<表达式>)
```

其中,<表达式>为整型数据,表示控件数组的某个元素。

(3) 通过Left和Top属性确定每个新添加的控件数组元素在窗体的位置,并将Visible属性设置为True。

7.2 重点与难点总结

1. 数组的定义及基本操作。
2. 控件数组的概念及建立。

7.3 试题解析

一、选择题

【试题1】 程序开始有语句Option Base 0,则下面定义的数组中正好可以存放1个4＊3矩阵的是( )。

A. Dim a(−2 To 1,2) As Integer　　B. Dim a(3,2) As Integer

C. Dim a(3,3) As Integer　　D. Dim a(−1 To −3,−1 To −3) As Integer

【分析】 数组的每一维的长度为“上界值－下界值＋1”，B 选项中，第一维的长度是 3－0＋1＝4，第二维的长度是 2－0＋1＝3，正好对应 4＊3 的矩阵，其他选项都不对。

【答案】 B

【试题 2】 在窗体上画一个名称为 Label1 的标签，然后编写如下事件过程：

```
Private Sub Form_Click()
    Dim arr(8, 8) As Integer
    Dim i As Integer, j As Integer
    For i = 2 To 6
        For j = 2 To 6
            arr(i, j) = i * j
        Next j
    Next i
    Label1.Caption = Str(arr(2, 3) + arr(3, 2))
End Sub
```

程序运行后，单击窗体，在标签中显示的内容是(　　)。

A. 12　　　　B. 13　　　　C. 14　　　　D. 15

【分析】 题目中通过双重 for 循环对二维数组的部分元素赋值。根据结果，并不需要将所有元素的值计算出来，而只需要知道和显示结果有关的两个元素 arr(2,3)和 arr(3,2)的值，经过计算，都为 6，所以答案为 A。所以我们在做阅读程序题目时，需要将题目读完整后，再下手计算。倒着向前推算结果，效率更高。

【答案】 A

【试题 3】 阅读以下程序：

```
Option Base 1
Private Sub Form_Click()
    Dim arr, Sum
    Sum = 0
    arr = Array(1,3,5,7,9,11,13,15,17,19)
    For i = 1 To 10
        If arr(i)/3 = arr(i)\3 Then
            Sum = Sum + arr(i)
        End If
    Next i
    Print Sum
End Sub
```

程序运行后，单击窗体，输出结果为(　　)。

A. 13　　　　B. 14　　　　C. 27　　　　D. 15

【分析】 利用 Array 函数赋值后，arr 数组的元素个数为 10，且程序一开始有 Option Base 1 语句，所以 arr 数组的 10 个元素为 arr(1)，arr(2)，…，arr(10)(注意，如果不加 Option Base 1 语句，arr 数组的 10 个元素为 arr(0)，arr(1)，…，arr(9))。arr(i)/3 = arr(i)\3 这个条件表示 arr(i)能够被 3 整除，所以有 arr(2)、arr(5)、arr(8)满足条件，相加结果为 27。

【答案】 C

【试题 4】 阅读以下程序：

```
Option Base 1
Private Sub Form_Click()
    Dim i As Integer, j As Integer
    Dim arr() As Integer
    ReDim arr(3, 2)
    For i = 1 To 3
        For j = 1 To 2
            arr(i, j) = i * 2 + j
        Next j
    Next i
    ReDim Preserve arr(3, 4)
    For j = 3 To 4
        arr(3, j) = j + 5
    Next j
    Print arr(3, 1) + arr(3, 3)
End Sub
```

程序运行后，单击窗体，输出结果为(　　)。

A. 21　　B. 13　　C. 8　　D. 15

【分析】 Redim 语句用来确定动态数组的维数和每一维的长度。使用 Preserve 参数，不清除原有数组内容。arr(3,1)的值由 arr(i, j) = i * 2 + j 得到，值为 7，arr(3, 3)的值由 arr(3, j) = j + 5 得到，值为 8，相加结果为 15。对 Redim 语句的使用一定要熟练掌握。

【答案】 D

【试题 5】 假定建立了一个名为 Option1 的单选按钮数组，则以下说法中错误的是(　　)。

A. 数组中每个单选按钮的名称(Name 属性)均为 Option1

B. 数组中每个单选按钮的标题(Caption 属性)都一样

C. 数组中所有单选按钮可以使用同一个事件过程

D. 用名称 Option1(下标) 可以访问数组中的每个单选按钮

【分析】 控件数组由一组相同类型的控件组成。控件数组具有以下特点：(1)相同的控件名称(即 Name 属性)；(2)控件数组中的控件具有相同的一般属性；(3)所有控件共用相同的事件过程；(4)用下标索引值(Index)来标识各个控件，第一个控件元素的下标索引号为 0。控件数组元素的一些属性可以不相同，比如 B 选项，Caption 属性可以不同。

【答案】 B

二、填空题

【试题 1】 在窗体上画 1 个命令按钮，其名称为 Command1，然后编写如下事件过程：

```
Private Sub Command1_Click()
    Dim arr(1 To 50) As Integer
    For i = 1 To 50
        arr(i) = Int(Rnd * 1000)
    Next i
    Max = arr(1)
    Min = arr(1)
    For i = 1 To 50
        If  【1】  Then
```

```
            Max = arr(i)
        End If
        If  【2】  Then
            Min = arr(i)
        End If
    Next i
    Print "Max = "; Max, "Min = "; Min
End Sub
```

程序运行后，单击命令按钮，将产生 50 个 1000 以内的随机整数，放入数组 arr 中，然后查找并输出这 50 个数中的最大值 Max 和最小值 Min，请填空。

【分析】 在数组中寻找最大元素或最小元素要对数组中的所有元素进行访问，通过比较得到。Max 为最大值，所以【1】中应为 Max＜arr(i)，Min 为最小值，所以【2】中应为 Min＞arr(i)。对数组中所有元素的访问，一般通过 For 循环语句来实现，用循环变量来控制数组元素的下标，一维数组用一重循环，二维数组用二重循环结构。

【答案】 【1】Max＜arr(i)，【2】Min＞arr(i)

【试题 2】 在窗体上画 4 个标签(如图 7.1 所示)，并用这 4 个标签建立一个控件数组，名称为 Label1(下标从 0 开始，自左至右顺序增大)，然后编写如下事件过程：

```
Private Sub Form_Click()
  For Each LblBox In Label1
    Label1(i) = Label1(i).Index
    i = i + 1
  Next LblBox
End Sub
```

程序运行后，单击窗体，4 个标签中显示的内容分别为(　　)。

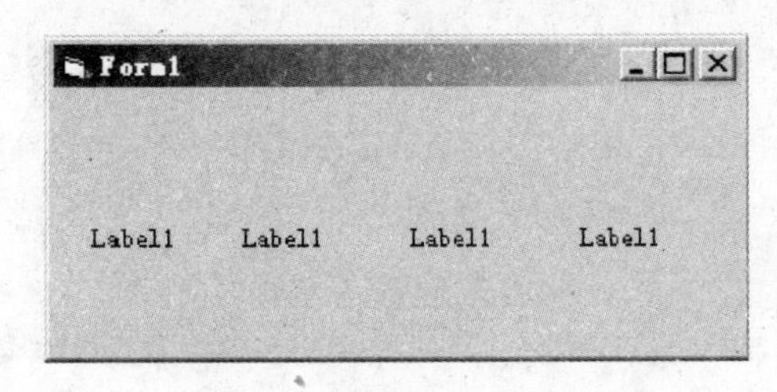

图 7.1　标签控件数组程序界面

【分析】 题目建立了一个有 4 个元素的 Label1 控件数组(见图 7.1)，从左向右依次为 Label1(0)、Label1(1)、Label1(2)、Label1(3)。程序中使用了 For Each…Next 语句，对控件数组进行操作。For Each…Next 语句专门作用于数组或对象集合中的每一成员，格式如下：

```
For Each 成员 In 数组名
    循环体
    [Exit For]
Next 成员
```

其中，“成员”是一个 Variant 变量，它实际上代表数组中每一个元素。该语句可以对数组元素进行读取、查询或显示，它所重复执行的次数由数组中元素的个数确定。所以在不知道数组中元素的数目时非常有用。循环体语句 Label1(i) = Label1(i). Index 表示将每一个标签控件数组元素的下标值赋值给对应标签的 Caption 属性，程序运行后，在标签元素中显示其下标。

【答案】 0 1 2 3

【试题 3】 有以下程序段：

```
Dim Array1(20) As Integer, Array2() As Single
ReDim Array2(9,10)
……
Erase Array1,Array2
```

执行 Erase 语句后，Array1 数组(　　)，Array2 数组(　　)。

【分析】 Erase 语句是数组刷新语句，格式为：Erase 数组名[，数组名]…，功能为：对静态数组，Erase 语句将数组重新初始化；对动态数组，Erase 语句将释放动态数组所占内存。Array1 数组所有元素的值都为 0，Array2 数组不存在。

【答案】 所有元素的值都为 0，不存在

【试题 4】 下面的程序是要实现一维数组中元素的向右循环移动。在文本框(Text1)中输入移动的位数。例如：数组中原有的元素为：1,2,3,4,5,6,7,8,9,10，移动 2 次后，各元素变为：9,10,1,2,3,4,5,6,7,8。请填空。

```
Option Base 1
Private Sub Form_Click()
    Dim a(10) As Integer
    Dim b() As Integer
    For i = 1 To 10
        a(i) = i
    Next i
    j = Val(Text1.Text)
    ReDim ( 【1】 )
    For i = 1 To j
        b(i) = ( 【2】 )
    Next i
    For i = 10 - j To 1 Step - 1
        a(i + j) = a(i)
    Next i
    For i = 1 To j
        a(i) = ( 【3】 )
    Next i
    For i = 1 To 10
        Print a(i);
    Next i
End Sub
```

【分析】 程序中声明了两个数组 a 和 b，a 是定长数组，原有数据放在 a 数组中，对 a 数组实现元素的循环移动。由题目知，j 变量存放移动的位数。b 是动态数组，长度由 ReDim 语句确定，b 数组用来临时存放 a 数组中最后的 j 个元素，因此【1】填 b(j)。程序首先将 a 数

组最后的 j 个元素放到 b 数组中，因此【2】填 a(10 － j ＋ i)；接着将 a 数组的前 10－j 个元素向后移动 j 位，移动的时候后面的元素先移；然后再将 a 数组前面空出的 j 个元素由 b 数组中对应的元素进行赋值，因此【3】填 b(i)。

【答案】 【1】b(j)【2】a(10 － j ＋ i)【3】b(i)

7.4 同步练习

一、选择题

1. 语句 Dim A&(10)，B#(10，5)定义了两个数组，其类型分别为(　　)。

A. 一维实型数组和二维双精度型数组

B. 一维整型数组和二维实型数组

C. 一维实型数组和二维整型数组

D. 一维长整型数组和二维双精度型数组

2. 下列数组定义正确的是(　　)。

A. Dim a[2,3] as Integer　　B. Dim a(2,3) as Integer

C. Dim a[n,n] as Integer　　D. Dim a(n,n) as Integer

3. 在窗体中添加一个命令按钮(其 Name 属性为 Command1)，然后编写如下代码：

```
Private Sub Command1_Click()
    Dim a(10) As Integer
    Dim p(3) As Integer
    k = 1
    For i = 1 To 10
        a(i) = i
    Next i
    For i = 1 To 3
        p(i) = a(i * 1)
    Next i
    For i = 1 To 3
        k = k + p(i) * 2
    Next i
    Print k
End Sub
```

程序运行后，单击命令按钮，输出结果是(　　)。

A. 15　　B. 13　　C. 30　　D. 37

4. 在窗体中添加一个文本框和一个命令按钮(名称为 Command1)，然后编写如下程序：

```
Private Sub Command1_Click()
    Dim a(5), b(5)
    For j = 1 to 4
        a(j) = 3 * j
        b(j) = a(j) * 3
```

```
    Next j
    Text1.text = b(j\2)
End Sub
```

程序运行后，单击命令按钮，在文本框中显示(　　)。

A. 25　　B. 18　　C. 36　　D. 35

5. 在窗体中添加一个命令按钮(Name 属性为 Command1)，然后编写如下代码：

```
Private Sub Command1_Click()
    Dim arr1(10) As Integer, arr2(10) As Integer
    n = 3
    For i = 1 To 5
        arr1(i) = i
        arr2(n) = 2 * n + i
    Next i
    Print arr2(n); arr1(n)
End Sub
```

程序运行后，单击命令按钮，输出结果为(　　)。

A. 11 3　　B. 3 11　　C. 13 3　　D. 3 13

6. 设有如下程序：

```
Option Base 1
Private Sub Form_Click()
    Dim a(10), P(3) As Integer
    k = 5
    For i = 1 To 10
        a(i) = i
    Next i
    For i = 1 To 3
        P(i) = a(i * i)
    Next i
    For i = 1 To 3
        k = k + P(i) * 2
    Next i
    Print k
End Sub
```

程序运行后，单击窗体，则在窗体上显示的是(　　)。

A. 33　　B. 35　　C. 37　　D. 38

7. 在 Visual Basic 中数组分类方法有多种，下面说法错误的是(　　)。

A. 依据数组的大小确定与否将其分为静态数组和动态数组两类

B. 依据数组的维数不同可以分为一维数组、二维数组，直至最大为 60 维数组

C. 依据数组的维数不同可以分为一维数组、二维数组，直至最大为 81 维数组

D. 依据对象不同，将其分为变量数组和控件数组两类

8. 重定义数组的大小，但没有清除其中的元素，合法的数组定义是(　　)。

A. Dim Ary()　　B. Redim Preserve Ary(15)

C. Public Ary (1 To 5) As String　　D. Static Ary()

9. 在窗体上画一个命令按钮(其 Name 属性为 Command1),然后编写如下代码:

```
Option Base 1
Private Sub Command1_Click()
    Dim a
    a = Array(2, 4, 6, 8)
    j = 1
    For i = 4 To 1 Step -2
        s = s + a(i) * j
        j = j * 10
    Next i
    Print s
End Sub
```

运行上面的程序,单击命令按钮,其输出结果是(　　)。

A. 2　　B. 48　　C. 6　　D. 8

10. 在窗体中添加一个命令按钮 Command1 和一个文本框 Text1,并有以下程序:

```
Private Sub Command1_Click()
    Dim a As Variant
    a = Array(20, 13, 45, -10, 50, 25)
    ……
End Sub
```

此程序的功能是求数组 a 的最小元素值,并把最小值放在文本框中。为实现程序的功能,省略号处的程序段应该是(　　)。

A.
```
Min = a(1)
For i = 2 To 6
    If Min > a(i) Then
        Min = a(i)
    End If
Next i
Text1.Text = Min
```

B.
```
Min = a(0)
For i = 1 To 5
    If Min > a(i) Then
        Min = a(i)
    End If
Next i
Text1.Text = Min
```

C.
```
Min = a(0)
For i = 1 To 5
    If Min > a(i)
        Min = a(i)
    End If
Next i
Text1.Text = Min
```

D.
```
Min = a(0)
For i = 1 To 5
    If Min > a(i) Then
        Min = a(i)
Next i
Text1.Text = Min
```

11. 在窗体中添加一个名称为 Command1 的命令按钮,然后编写如下程序:

```
Private Sub Command1_Click()
    Dim i As Integer, j As Integer
    Dim a(10, 10) As Integer
    Dim sum As Integer
    For i = 1 To 10
        For j = 1 To 10
            a(i, j) = (i - 1) * 3 + j
        Next j
```

```
    Next i
    ……
    Print sum
End Sub
```

此过程的功能是计算数组 a 中的副对角线上元素的和，为实现此功能，省略号处的程序段应该是(　　)。

A.
```
For i = 1 To 10
  For j = 1 To 10
    If i + j = 10 Then
      sum = sum + a(i, j)
    End If
  Next j
Next i
```

B.
```
For i = 1 To 10
  For j = 1 To 10
    If i + j = = 10 Then
         sum = sum + a(i, j)
    End If
  Next j
Next i
```

C.
```
For i = 1 To 10
  For j = 1 To 10
    If i + j = 10 Then
         sum = sum + a(i, j)
  Next j
Next i
```

D.
```
For i = 1 To 10
  For j = 1 To 10
    If i + j = = 10
         sum = sum + a(i, j)
  Next j
Next i
```

12. 以下有关数组的说明中，错误的是(　　)。

A. 根据数组说明的方式，可将数组分为动态数组和静态数组

B. 在过程中，不能用 Private 语句定义数组

C. 利用 ReDim 语句重新定维时，不得改变已经说明过的数组的数据类型

D. 数组重新定维后，原有的数组元素内容将不予保留

13. 下面语句中错误的是(　　)。

A. Redim Preserve Max(10,UBound(Max,2)+1)

B. Redim Preserve Max(UBound(Max,1)+1,10)

C. Redim Preserve DArray(UBound(DArray)+1)

D. Redim DArray(UBound(DArray)+1)

14. 在窗体上画一个命令按钮，名称为 Command1，然后编写如下事件过程：

```
Option Base 0
Private Sub Command1_Click()
    Dim city As Variant
    city = Array("北京", "上海", "南京", "深圳")
    Print city(1)
End Sub
```

程序运行后，如果单击命令按钮，则在窗体上显示的内容是(　　)。

A. 错误提示　　B. 深圳　　C. 北京　　D. 上海

15. 可以唯一标识控件数组中的每一个控件属性的是(　　)。

A. Name　　B. Caption　　C. Index　　D. Enabled

16. 设在窗体上有一个名称为 Command1 的命令按钮，并有以下事件过程：

```
Private Sub Command1_Click()
```

```
    Dim b As Variant
    b= Array(1,3,5,7,9)
    ......
End Sub
```

此过程的功能是把数组 b 中的 5 个数逆序存放(即排列为 9,7,5,3,1)。为实现此功能,省略号处的程序段应该是(　　)。

A.
```
For i = 0 To 5 - 1 \ 2
    tmp = b(i)
    b(i) = b(5 - i - 1)
    b(5 - i - 1) = tmp
Next i
```

B.
```
For i = 0 To 5
    tmp = b(i)
    b(i) = b(5 - i - 1)
    b(5 - i - 1) = tmp
Next i
```

C.
```
For i = 0 To 5 \ 2
    tmp = b(i)
    b(i) = b(5 - i - 1)
    b(5 - i - 1) = tmp
Next i
```

D.
```
For i = 1 To 5 \ 2
    tmp = b(i)
    b(i) = b(5 - i - 1)
    b(5 - i - 1) = tmp
Next i
```

17. 以下有关数组定义的语句序列中,错误的是(　　)。

A.
```
Dim arr1(3)
arr1(1) = 100
arr1(2) = "Hello"
arr1(3) = 123.45
```

B.
```
Dim arr2() As Integer
Dim size As Integer
Private Sub Command2_Click()
  size = InputBox("输入:")
  ReDim arr2(size)
  ......
End Sub
```

C.
```
Option Base 1
Private Sub Command3_Click()
   Dim arr3(3) As Integer
   ......
End Sub
```

D.
```
Dim n As Integer
Private Sub Command4_Click()
   Dim arr4(n) As Integer
   ......
End Sub
```

18. 设命令按钮 Command1 的单击事件过程代码如下:

```
Private Sub Command1_Click()
    Dim a(3, 3) As Integer
    For i = 1 To 3
      For j = 1 To 3
        a(i, j) = i * j + i
      Next j
    Next i
    Sum = 0
    For i = 1 To 3
      Sum = Sum + a(i, 4 - i)
    Next i
    Print Sum
End Sub
```

程序运行后,单击命令按钮,输出的结果是(　　)。

A. 20　　B. 7　　C. 16　　D. 17

19. 在窗体上画一个名称为 Command1 的命令按钮,然后编写如下代码:

```
Option Base 1
Private Sub Command1_Click()
    d = 0
    c = 10
    x = Array(10, 12, 21, 32, 24)
    For i = 1 To 5
        If x(i) > c Then
            d = d + x(i)
            c = x(i)
        Else
            d = d - c
        End If
    Next i
    Print d
End Sub
```

程序运行后,如果单击命令按钮,则在窗体上输出的内容为(　　)。

A. 89　　　　B. 99　　　　C. 23　　　　D. 77

20. 在窗体上画一个名称为 Command1 的命令按钮和一个名称为 Picture1 的图片框。程序运行后,单击命令按钮将打印出如图 7.2 所示的杨辉三角形。根据题意,请在______处选择正确答案。

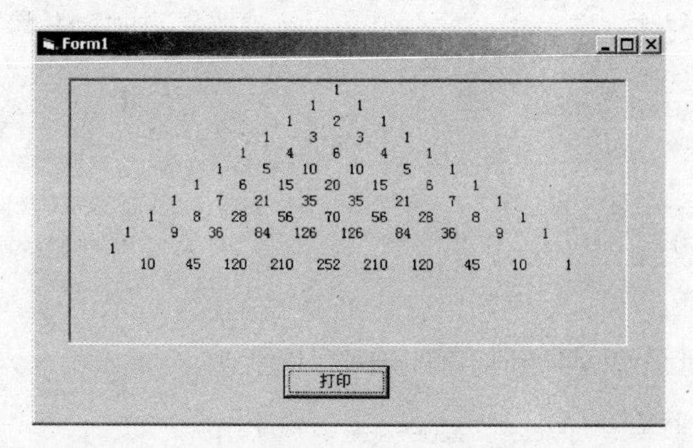

图 7.2　杨辉三角程序运行界面

```
Option Base 1
Private Sub Command1_Click()
    Dim a(11, 11) As Integer
    ___(1)___
    For i = 1 To m
        a(i, 1) = 1: a(i, i) = 1
    Next i
    For i = 3 To m
      For j = 2 to ___(2)___
        a(i,j) = a(i-1,j-1) + ___(3)___
      Next j
    Next i
    n = 30
    For i = 1 To m
```

```
        picture1.Print Tab(n);
          (4)
        ________
        For j = 1 To i
          picture1.Print Tab(k);
          picture1.Print Format(a(i, j), "@@@@@@");
          k = k + 6
        Next j
          (5)
        ________
        n = n - 3
    Next i
End Sub
```

(1) A. m＝11	B. m＝7	C. n＝7	D. n＝11
(2) A. i－1	B. i	C. j－1	D. j
(3) A. a(i,j－1)	B. a(i,j)	C. a(i－1,j－1)	D. a(i－1,j)
(4) A. n＝k	B. k＝n	C. k＝i	D. k＝j
(5) A. Print	B. Picture1. Print	C. Print;	D. Picture1. Print;

二、填空题

1. 由 Array 函数建立的数组必须是(　　)类型。

2. 定义语句 Dim A(－3 to 3) As Integer,定义 A 数组的元素个数是(　　)。

3. Dim a (3,－3 to 0,3 to 6) As String 语句定义的 a 数组元素有(　　)个。

4. 如果在模块的声明段中有 Option Base 0 语句,则在模块中使用 Dim a(6, 3 To 5)声明的数组有(　　)个元素。

5. 如果在模块的声明段中有 Option Base 1 语句,定义数组 ary 的大小为 15,但不清除其中的元素,合法的数组定义为(　　)。

6. 执行下面的程序后,a(1,3)的值是(　　),a(2,2)的值是(　　),a(3,1)的值是(　　)。

```
Private Sub Form_Click()
  Dim a(3, 3) As Integer, i As Integer
  Dim j As Integer, k As Integer, n As Integer
  n = 9
  For k = 5 To 1 Step - 1
    If k >= 3 Then
      For i = 1 To 6 - k
        a(k - 3 + i, i) = n
        n = n - 1
      Next i
    Else
      For i = 1 To k
        a(k - i + 1, 3 - i + 1) = n
        n = n - 1
      Next i
    End If
  Next k
  For k = 1 To 3
    For i = 1 To 3
```

```
            Print a(k, i);
        Next i
        Print
    Next k
End Sub
```

7. 设有如下程序：

```
Option Base 1
Private Sub Command1_Click()
    Dim arr1, Max As Integer
    arr1 = Array(12, 435, 76, 24, 78, 54, 866, 43)
    ___【1】___ = arr1(1)
    For i = 1 To 8
        If arr1(i) > Max Then ___【2】___
    Next i
    Print "最大值是："; Max
End Sub
```

以上程序的功能是：用 Array 函数建立一个含有 8 个元素的数组，然后查找并输出该数组中元素的最大值。请填空。

8. 以下程序对随机产生的 5 个整数进行升序排序，请填空。

```
Private Sub Command1_Click()
    Dim a(5) As Integer, i As Integer, j As Integer
    For i = 1 To 5
      a(i) = Int(100 * Rnd(1))
    Next i
    For i = 1 To 4
        p = ___【1】___
        For j = i + 1 To 5
          If a(p) ___【2】___ a(j) Then p = j
        Next j
        t = a(i)
        a(i) = a(p)
        ___【3】___
    Next i
    For i = 1 To 5
        Print a(i);
    Next i
End Sub
```

9. 在窗体中添加一个命令按钮(其 Name 属性为 Command1)，然后编写如下代码：

```
Private Sub Command1_Click()
    Dim n() As Integer
    Dim a, b As Integer
    a = InputBox("Enter the first number")
    b = InputBox("Enter the second number")
    ReDim n(a To b)
    For k = LBound(n, 1) To UBound(n, 1)
        n(k) = k
```

```
        Print n(k)
    Next k
End Sub
```

程序运行后，单击命令按钮，在输入对话框中分别输入2和3，输出结果为(   )。

10. 下面的程序用“冒泡”法将数组a中的10个整数按升序排列，请在________处将程序补充完整。

```
Option Base 1
Private Sub Command1_Click()
    Dim a
    a = Array( - 2,5,24,58,43, - 10,87,75,27,83)
    For i = __【1】__
        For j = __【2】__
            If a(i)> = a(j) Then
                a1 = a(i)
                a(i) = a(j)
                a(j) = a1
            End If
        Next j
    __【3】__
    For i = 0 to 9
        Print a(i)
    Next i
End Sub
```

11. 素数是除了能被1和自己整除以外，不能被任何数整除的数。下面的程序段是求出100～150之间的素数并输出，每行输出4个数据，请在________处填上正确的内容。

```
Private Sub Form_Click()
    Dim m(100)
    n = 0
    For a = 100 To 150
        flag = 0
        For i = 2 To __【1】__
            If a/i = Int(a/i) Then flag = 1
        Next i
        If flag = 0 Then n = n + 1: __【2】__
    Next a
    For i = 1 To n
        If __【3】__ Then Print m(i); Else Print m(i)
    Next i
End Sub
```

子过程与函数过程

8.1 知识点总结

8.1.1 Sub 过程

1. 过程的概念

Visual Basic 中的过程可以看作是程序的功能模块，分为事件过程和通用过程两种。通用过程又分为两类，即子(程序)过程(Sub 过程)和函数过程(Function 过程)。

2. Sub 过程的定义

Sub 过程的定义形式如下：

```
[Public|Private][Static] Sub 子过程名([形参表])
  <局部变量或常数定义>
  <语句组>
  [Exit Sub]
  <语句组>
End Sub
```

3. Sub 过程的调用

在 Visual Basic 应用程序中，一个定义好的过程，通过被调用引起该过程的执行。事件过程是通过事件驱动和由系统自动调用的；Sub 过程则必须通过调用语句实现调用。

调用 Sub 过程有以下两种方法。

(1) 使用 Call 语句，格式如下：

```
Call 过程名([实参表])
```

(2) 直接使用过程名，格式如下：

```
过程名 [实参表]
```

8.1.2 Function 过程

1. Function 过程的定义

Function 过程的定义形式如下：

```
[Public][Private][Static] Function 函数名([<形参列表>])[As <类型>]
   <局部变量或常数定义>
   <语句块>
   [函数名 = 返回值]
   [Exit Function]
   <语句块>
End Function
```

注意：在函数体内，函数名可以当变量使用，函数的返回值就是通过对函数名的赋值语句来实现的，在函数过程中至少要对函数名赋值一次。

2. 调用 Function 过程

Function 过程的调用形式如下：

```
函数名(实参列表)
```

注意：函数调用只能出现在表达式中，其功能是求得函数的返回值。

8.1.3 参数传递

1. 形参与实参

形式参数(简称形参)是指在定义通用过程时，出现在 Sub 或 Function 语句中变量名后面圆括号内的参数。形参可以是合法变量名、数组名。

实际参数(简称实参)是指在调用 Sub 或 Function 过程时，写入子过程名或函数名后括号内的参数。实参可由常量、表达式、有效的变量名、数组名组成。

注意：

(1) 实参和形参的个数、顺序以及数据类型必须相同。

(2) 参数传递指主调过程的实参(调用时已有确定值和内存地址的参数)传递给被调过程的形参。

(3) 参数的传递有两种方式：按值传递和按地址传递。

(4) 如果实参是常量(系统常量、符号常量)或者表达式，则无论定义时使用值传递还是地址传递，都是按值传递方式将常量或者表达式的计算值传递给形参。

2. 传值

形参前加“ByVal”关键字的是按值传递。按值传递时，形参得到的是实参的值，形参和实参各自有自己的内存单元地址，形参的值改变不会影响实参的值。

3. 传地址

形参前加“ByRef”关键字或没有关键字时为按地址传递，简称传址。按地址传递时，形参得到的是实参的地址，即形参与实参使用相同的内存地址单元，当形参的值改变时，也改变实参的值。

4. 数组参数的传递

Visual Basic 允许把数组作为实参传送到过程中。数组作为参数时，是通过传地址方式传送参数值的。

若要把一个数组的全部元素传送给一个过程,应将数组名分别写入实参表和形参表中,并略去数组的上下界,但括号不能省略。

如果传递的是数组的单个元素,则实际参数应该是对应的数组元素。

8.1.4 对象参数

Visual Basic 允许用对象(即窗体或控件)作为通用过程的参数。格式为:

```
Sub 过程名(形参表)
  语句块
  [Exit Sub]
  ……
End Sub
```

注意:

(1)“形参表”中的形参类型通常为Control(传递的是控件对象)或Form(传递的是窗体)。

(2) 含有对象的过程被调用时,对象按传地址方式传送。

8.1.5 过程与变量的作用域

1. VB 工程文件的组织结构

一个VB工程文件由窗体模块、标准模块和类模块组成。

(1) 窗体模块

在VB中,一个应用程序包含一个或多个窗体模块。

窗体模块包含事件过程、通用过程以及变量、常数、类型和外部过程的窗体级声明。

写入窗体模块的代码是该窗体所属的具体应用程序专用的,它也可以引用该应用程序内的其他窗体或对象。

(2) 标准模块

标准模块可以包含变量、常数、类型、外部过程和全局过程的全局声明或模块级声明。写入标准模块的代码不必绑在特定的应用程序上,因此在许多不同的应用程序中可以重用标准模块。

2. 过程的作用域

过程的定义及作用域见表8.1。

表8.1 过程的定义及作用域表

作用范围	模块级		全局级	
	窗体	标准模块	窗体	标准模块
定义方式	过程名前加 Private。例: Private Sub My1(形参表)		过程名前加 Public 或缺省。例: [Public] Sub My2(形参表)	
能否被本模块其他过程调用	能	能	能	能
能否被本应用程序其他模块调用	不能	不能	能,但必须在过程名前加窗体名	能,但过程名必须唯一,否则要加标准模块名

Sub 过程和 Function 过程既可写在窗体模块中，也可写在标准模块中。在定义时可选用关键字 Private、Static 或 Public 来决定它们能被调用的范围。

按过程的作用范围来划分，过程可分为模块级过程和全局级过程。

(1) 模块级过程：加 Private 或 Static 关键字的过程，只能被定义的窗体或标准模块中的过程调用。

(2) 全局级过程：加 Public 关键字（或缺省）的过程，可供该应用程序的所有窗体和所有标准模块中的过程调用。

3. 变量的作用域

在 VB 中，可以在过程中和模块中声明变量，根据定义变量的位置和定义变量的关键字不同，变量可以分为局部变量、模块级变量和全局变量。

(1) 局部变量

局部变量是在过程内部使用 Dim 或 Static 关键字来声明的变量。

只有在声明局部变量的过程中才能访问或改变该变量的值，其他过程不可访问。在不同的过程中声明相同名字的局部变量互不影响。

(2) 模块级变量

模块级变量是在“通用声明”段中用 Dim 或用 Private 关键字声明的变量，可被本窗体或本标准模块的任何过程访问，但其他模块却不能访问该变量。

(3) 全局变量

在窗体模块或标准模块的顶部的“通用声明”段用 Public 关键字声明。全局变量的作用范围是整个应用程序，即可被本应用程序的任何过程或函数访问。

局部变量、模块级变量和全局变量的声明及使用规则见表 8.2。

表 8.2　变量声明及使用规则表

作用范围	局部变量	模块级变量	全局变量	
			窗体	标准模块
声明方式	Dim,Static	Dim,Private	Public	
声明位置	在过程中	窗体/模块的“通用声明”段	窗体/模块的“通用声明”段	
被本模块的其他过程存取	不能	能	能	
被其他模块存取	不能	不能	能，但在变量名前加窗体名	能

(4) 关于多个变量同名问题

① 在不同过程中定义同名变量，它们互不影响。

② 全局变量与局部变量同名时，在定义局部变量的过程中访问全局变量的形式为：模块名.变量名。

③ 模块级变量与局部变量同名时，在定义局部变量的过程中不能访问模块级变量。

④ 如果不同模块中的全局变量使用同一名字，引用时就需要使用“模块名.变量名”的

形式来区分它们。

(5) 静态变量

① 变量除作用域之外,还有生存期,在生存期中变量能够保持它们的值。

② 在应用程序运行期间一直保持模块级变量和全局变量的值。

③ Dim 声明的局部变量仅当它所在的过程被执行时存在,当过程执行完毕后,它的值就不存在了,变量所占据的内存也被释放。当下一次执行该过程时,Dim 声明的局部变量将被重新初始化。

④ Static 声明的局部变量,每次调用其所在过程,变量保持上次调用结束时的值。

8.1.6 Shell 函数

在 VB 中,可以通过 Shell 函数调用在 DOS 下或 Windows 下运行的应用程序。

1. 函数调用形式

```
ID = Shell( FileName [,WindowType] )
```

2. 过程调用形式

```
Shell FileName [,WindowType])
```

3. 参数说明

- FileName:要执行的应用程序名字符串,包括盘符、路径,必须是可执行的文件。
- WindowType:整型值,表示执行应用程序打开的窗口类型。

8.2 重点与难点总结

1. Sub 过程的定义及调用。
2. Function 过程的定义及调用。
3. 参数传递的实质。
4. 过程及变量的作用域。

8.3 试题解析

一、选择题

【试题 1】 以下关于过程的叙述中,不正确的是(　　)。

A. 一个 Sub 过程必须有一个 End Sub 语句

B. 不能在事件过程中定义函数过程

C. 可以在 Sub 过程中定义一个 Function 过程,但不能定义 Sub 过程

D. 事件过程是由某个事件触发而执行的过程

【分析】 在VB中过程的框架为Sub…End Sub、Function…End Function,A选项正确。在VB中过程不能嵌套定义,所以B选项正确,C选项错误。事件过程的执行是由于用户或系统触发了对应的事件,从而执行事件过程,D选项正确。

【答案】 C

【试题2】 以下关于函数过程的叙述中,正确的是(　　)。

A. 调用一个Function过程可以获得多个返回值

B. 如果不指明函数过程参数的类型,则该参数没有数据类型

C. 当数组作为函数过程的参数时,既能以传值方式传递,也能以传址方式传递

D. 函数过程形参的类型与函数返回值的类型没有关系

【分析】 调用一次函数过程,返回值只能有一个,A选项错误。如果不指明函数过程参数的类型,则该参数默认为变体型,B选项错误。当数组作为函数过程的参数时,只能以传地址方式传递参数,C选项错误。函数返回值的类型和函数的类型一致,与形参的类型无关,D选项正确。

【答案】 D

【试题3】 在窗体上画一个名称为Text1的文本框和一个名称为Command1的命令按钮,然后编写如下事件过程和通用过程:

```
Private Sub Command1_Click()
   n = Val(Text1.Text)
   If n\2 = n/2 Then
       f = f1(n)
   Else
       f = f2(n)
   End If
   Print f; n
End Sub
Public Function f1(ByRef x)
   x = x * x
   f1 = x + x
End Function
Public Function f2(ByVal x)
   x = x * x
   f2 = x + x + x
End Function
```

程序运行后,在文本框中输入6,然后单击命令按钮,窗体上显示的是(　　)。

A. 72 36　　　B. 108 36　　　C. 72 6　　　D. 108 6

【分析】 根据条件n\2 = n/2可知,f1被调用执行。在f1过程中,形参x的值发生改变,x=x*x,变为36,因为形参x前为ByRef,所以是地址传递,形参x和实参n占用同一个内存单元,形参的改变影响实际参数的变化,因此实际参数n的值也变成36。返回值由f1=x+x得到为72,因此f和n的值输出分别为72和36。相对应的f2函数过程,就是一个值传递方式,如果f2被调用,那么形参x虽然也改变了,但实际参数n不会变化。这就是地址传递和值传递最本质的区别。

【答案】 A

【试题 4】 以下关于变量作用域的叙述中，正确的是(　　)。

A. 若用 Static 定义通用过程，则该过程中的局部变量都被默认为 Static 类型

B. Static 类型变量的作用域是它所在的窗体或模块文件

C. 全局变量必须在标准模块中用 Public 或 Global 声明

D. 在事件过程或通用过程内定义的变量是局部变量

【分析】 Static 声明的变量是局部变量，作用域为所在的过程内部，通常用来存放中间结果或用作临时变量，因此，一般在过程中声明定义该类型的变量。

【答案】 B

【试题 5】 以下叙述中错误的是(　　)。

A. 窗体中凡被声明为 Private 的变量只能在某个指定的过程中使用

B. 窗体层变量必须先声明，后使用

C. 用 Shell 函数可以执行扩展名为. exe 的应用程序

D. Static 类型的变量不可以在标准模块的声明部分定义

【分析】 Private 声明的变量是窗体级变量，可以被它所在的窗体中的所有过程使用，A 选项不正确。模块变量和全局变量必须在代码窗口中显式声明。在 VB 中，可以通过 Shell 函数调用在 DOS 下或 Windows 下运行的应用程序。Static 类型的变量是局部变量，只能在过程中声明。B、C、D 选项正确。

【答案】 A

【试题 6】 一个工程中含有窗体 Form1、Form2 和标准模块 Model1，如果在 Form1 中有语句 Public a As Integer，在 Model1 中有语句 Public b As Integer，则以下叙述中正确的是(　　)。

A. 变量 a、b 的作用域相同　　　　B. 变量 b 的作用域是 Model1

C. 在 Form1 中可以直接使用 a　　　　D. 在 Form2 中可以直接使用 a 和 b

【分析】 在同一个工程文件中，a、b 两个变量是全局变量，该工程中所有模块的过程都可以访问 a、b，A 选项正确，B 选项错误。在 Form1 中，如果有过程定义了局部变量 a，那么该过程访问全局变量 a 时，应使用格式为：Form1. a，C 选项错误。Form2 要访问 a、b，格式为：Form1. a、Model1. b，D 选项错误。

【答案】 A

【试题 7】 设有如下程序：

```
Option Base 1
Private Sub Command1_Click()
   Dim a(10) As Integer
   Dim n As Integer
   n = InputBox("输入数据")
   If n < 10 Then
      Call Array1(a, n)
   End If
End Sub
Private Sub Array1(b() As Integer, n As Integer)
   Dim c(10) As Integer
   j = 0
```

```
    For i = 1 To n
        b(i) = CInt(Rnd() * 100)
        If b(i)/2 = b(i)\2 Then
            j = j + 1
            c(j) = b(i)
        End If
    Next i
    Print j
End Sub
```

以下叙述中错误的是（ ）。

A. 数组 b 中的偶数被保存在数组 c 中

B. 程序运行结束后，在窗体上显示的是 c 数组中元素的个数

C. Array1 过程的参数 n 是按值传送的

D. 如果输入的数据大于 10，则窗体上不显示任何内容

【分析】 Array1 函数的功能是将 n(n<10)个随机产生的 100 之内的整数中是偶数的数放到 c 数组中，并用变量 j 记录偶数的个数，即 c 数组的元素的个数，所以 A 选项正确，B 选项正确，D 选项正确。形参 n 前面的参数省略，默认为 ByRef，即按传地址的方式传递参数，C 选项错误。

【答案】 C

二、填空题

【试题 1】 在窗体上画一个名称为 Command1 的命令按钮，然后编写如下程序：

```
Option Base 1
Private Sub Command1_Click()
    Dim a(8) As Integer
    For i = 1 To 8
        a(i) = i
    Next i
    Call swap __【1】__
    For i = 1 To 8
        Print a(i);
    Next i
End Sub
Sub swap(b() As Integer)
    n = __【2】__
    For i = 1 To n / 2
        t = b(i)
        b(i) = b(n)
        b(n) = t
        __【3】__
    Next i
End Sub
```

上述程序的功能是：通过调用过程 swap，调换数组中数值的存放位置，即 a(1)与 a(8)的值互换，a(2)与 a(7)的值互换，……，a(4)与 a(5)的值互换。请填空。

【分析】【1】很明显是要给出实际参数，根据形参 b() As Integer 可知形参是数组，实际参数也应该是数组，为 a()。【2】要给出对调数组最后一个元素的下标值，即数组的上界值，用 UBound()函数求得，为 UBound(b)。【3】数组对应的元素 b(i)和 b(n)进行对调，每一次对调 i 和 n 都要改变，i 是循环变量，所以每循环一次 i 的值自动增 1，n 的值就要减 1。所以【3】应为 n＝n－1。

【答案】【1】a()【2】UBound(b)【3】n＝n－1

【试题 2】 在窗体上画两个列表框，其名称分别为 List1、List2，然后画两个标签，名称分别为 Label1、Label2。程序运行后，如果在某个列表框中选择一个项目，则把所选中的项目在其下面的标签中显示出来。请填空。

```
Private Sub List1_Click()
   Call ShwItm(List1, Label1)
End Sub
Private Sub List2_Click()
   Call ShwItm(List2, Label2)
End Sub
Public Sub ShwItm(tempList As ListBox, tempLabel As Label)
   __【1】__.Caption = __【2】__.Text
End Sub
```

【分析】 窗体和控件也能作为参数进行地址传递。在 ShwItm 过程中，形参 tempList 和 tempLabel 都是控件参数，类型分别是列表框控件类型和标签控件类型。因此传递过来的实参也应该是同类型的实参控件。列表框中选定的项目为：列表框名. Text，因此【2】为 tempList。要显示在标签中，因此【1】为 tempLabel。

【答案】【1】tempLabel【2】tempList

【试题 3】 窗体中有一个命令按钮 Command1，事件过程如下：

```
Private Sub Command1_Click()
   Dim sum As Integer
   sum = f(1) + f(2)
   Print sum
End Sub
Private Function f(m As Integer) As Integer
   Static a As Integer
   For i = 1 To m
      a = a + 1
   Next i
   f = a
End Function
```

运行程序，第 3 次单击命令按钮 Command1 时，输出结果为(　　)。

【分析】 静态变量 a 的生存期是整个程序运行期间，因此在程序运行期间每一次 f 函数过程调用后 a 的值都会保留下来。第一次单击命令按钮 Command1 时，f(1)执行后，a 的值为 1，f(2)执行时，因为 a 的值 1 保留，再两次加 1，a 的值就为 3，sum 的值为 4；第二次单击命令按钮 Command1 时，f(1)执行后，a 的值为 3＋1＝4，f(2)执行时，a 的值为 4，再两次加 1，a 的值就为 6，sum 的值为 10；第三次单击命令按钮 Command1 时，f(1)执行后，a 的值为 6＋1＝7，f(2)执行时，a 的值为 7，再两次加 1，a 的值就为 9，sum 的值为 16。

【答案】 16

8.4 同步练习

一、选择题

1. 下列叙述中不正确的是(　　)。

A. VB 中的函数功能类似于 Sub 过程

B. Sub 过程不可以递归

C. 子过程不返回与其特定子过程名相关联的值

D. 过程是没有返回值的函数，又常被称为 Sub 过程，在事件过程或其他子过程中可以按名称调用过程

2. Sub 过程与 Function 过程最根本的区别是(　　)。

A. 前者可以使用 Call 或直接使用过程名调用，后者不可以

B. 后者可以有参数，前者不可以

C. 两种过程参数的传递方式不同

D. 前者无返回值，但后者有

3. 下列过程语句中，一定按传值方式进行数据传递的定义语句是(　　)。

A. Sub Pro2(a As Integer)　　　　B. Sub Pro2(ByRef a As Integer)

C. Sub Pro2(ByVal a As Integer)　　　　D. Sub Pro2(arr())

4. 以下关于过程及过程参数的描述中，错误的是(　　)。

A. 过程的参数可以是控件名称

B. 用数组作为过程的参数时，使用的是传地址方式

C. 只有函数过程能够将过程中处理的信息传回到调用的程序中

D. 窗体可以作为过程的参数

5. 以下关于过程的叙述中，错误的是(　　)。

A. 事件过程是由某个事件触发而执行的过程

B. 函数过程的返回值可以有多个

C. 可以在事件过程中调用通用过程

D. 不能在事件过程中定义函数过程

6. 名为 sort 的 Sub 子过程的形式参数为一个数组，以下的定义语句中正确的是(　　)。

A. Private Sub sort (a() As Integer)

B. Private Sub sort (a(10) As Integer)

C. Private Sub sort (ByVal a() As Integer)

D. Private Sub sort (a As Integer)

7. 在窗体上画一个名称为 Command1 的命令按钮，再画两个名称分别为 Label1、Label2 的标签，然后编写如下程序代码：

```
Private X As Integer
```

```
Private Sub Command1_Click()
   X = 5: Y = 3
   Call proc(X, Y)
   Label1.Caption = X
   Label2.Caption = Y
End Sub
Private Sub proc(ByVal a As Integer, ByVal b As Integer)
   X = a * a
   Y = b + b
End Sub
```

程序运行后，单击命令按钮，则两个标签中显示的内容分别是(　　)。

A. 5 和 3　　B. 25 和 3　　C. 25 和 6　　D. 5 和 6

8. 在窗体中添加一个命令按钮、一个标签和一个文本框，并将文本框的 Text 属性置空，编写命令按钮 Command1 的 Click 事件代码如下：

```
Private Function fun(x As Long) As Boolean
   If x Mod 2 = 0 Then
      fun = True
   Else
      fun = False
   End If
End Function
Private Sub Command1_Click()
   Dim n As Long
   n = Val(text1.Text)
   p = IIf(fun(n), "奇数", "偶数")
   Label1.Caption = n & "是一个" & p
End Sub
```

程序运行后，在文本框中输入 20，单击命令按钮后，标签中的内容为(　　)。

A. 20 是一个奇数　　B. 20　　C. 20 是一个偶数　　D. 2

9. 在窗体中添加一个名称为 Command1 的命令按钮和一个名称为 Text1 的文本框，然后编写如下程序：

```
Private Sub Command1_Click()
   Dim x, y, z As Integer
   x = 10
   y = 5
   z = 23
   Text1.Text = ""
   Call p1(x, y, z)
   Text1.Text = Str(z)
End Sub
Sub p1(ByVal a As Integer, ByVal b As Integer, c As Integer)
   c = a + b
End Sub
```

程序运行后，如果单击命令按钮，则文本框中显示的内容是(　　)。

A. 0　　B. 15　　C. Str(z)　　D. 23

10. 假定有以下函数过程：

```
Function Fun(S As String) As String
   Dim s1 As String
   For i = 1 To Len(S)
       s1 = UCase(Mid(S, i, 1)) + s1
   Next i
   Fun = s1
End Function
```

在窗体上画一个命令按钮 Command1,然后编写如下事件过程：

```
Private Sub Command1_Click()
   Dim Str1 As String, Str2 As String
   Str1 = InputBox("请输入一个字符串")
   Str2 = Fun(Str1)
   Print Str2
End Sub
```

程序运行后,单击命令按钮 Command1,如果在输入对话框中输入字符串“abcdefg”,则单击“确定”按钮后在窗体上的输出结果为(　　)。

A. abcdefg　　B. ABCDEFG　　C. gfedcba　　D. GFEDCBA

11. 在窗体中添加一个命令按钮 Command1,然后编写如下代码：

```
Sub sub1(k As Integer, s As Integer)
   s = 1
   For m = 1 To k
       s = s * m
   Next m
End Sub
Private Sub Command1_Click()
   Dim k As Integer, s As Integer
   total = 0
   For k = 2 To 4
       Call sub1(k, s)
       total = total + s
   Next k
   Print total
End Sub
```

程序运行后,单击命令按钮 Command1,输出结果为(　　)。

A. 9　　B. 32　　C. 6　　D. 8

12. 在窗体上有一个名称为 Text1 的文本框和一个名称为 Command1 的命令按钮,然后编写如下的通用过程和事件过程：

```
Public Sub fun(a(), ByVal x As Integer)
   For i = 1 To 5
       x = x + a(i)
   Next i
End Sub
```

```
Private Sub Command1_Click()
   Dim arr(5) As Variant
   For i = 1 To 5
      arr(i) = i
   Next i
   n = 10
   Call fun((1),n)
   Text1.Text = n
End Sub
```

程序运行后,单击命令按钮 Command1,则在文本框中显示的内容是(2)。

(1) A. a()　　B. arr()　　C. arr(5)　　D. arr(i)

(2) A. 10　　B. 15　　C. 25　　D. 24

13. 在窗体中画一个命令按钮 Command1,然后编写以下事件过程:

```
Private Sub Command1_Click()
   Dim a(10) As Integer, b(10) As Integer
   For i = 1 To 10
      a(i) = i * i
   Next i
   Call ByteCopy(a(), b())
   Print b(5)
End Sub
Sub ByteCopy(oldCopy() As Integer, newCopy() As Integer)
   Dim i As Integer
   For i = LBound(oldCopy) To UBound(oldCopy)
      newCopy(i) = oldCopy(i)
   Next i
End Sub
```

程序运行后,单击命令按钮 Command1,则输出结果是(　　)。

A. 0　　B. 1　　C. 4　　D. 25

14. 在窗体中添加一个命令按钮(Name 属性为 Command1),然后编写如下代码:

```
Private Sub Command1_Click()
   x = InputBox("请输入整数")
   a = f1(Val(x))
   Print a
End Sub
```

程序运行后,如果单击命令按钮,则显示一个输入对话框,在该对话框中输入一个整数,并用这个整数作为实参调用函数过程 f1。在 f1 中判断所输入的整数是否是奇数,如果是奇数,过程 f1 返回 1,否则返回 0。能够正确实现上述功能的代码是(　　)。

A.
```
Function f1(ByRef b As Integer)
   If b Mod 2 = 0 Then
     return 0
   Else
     return 1
  End If
End Function
```

B.
```
Function f1(ByRef b As Integer)
   If b Mod 2 = 0 Then
       f1 = 0
   Else
       f1 = 1
   End If
End Function
```

C.
```
Function f1(ByRef b As Integer)
    If b Mod 2 = 0 Then
        f1 = 1
    Else
        f1 = 0
    End If
End Function
```

D.
```
f1(ByRef b As Integer)
    If b Mod 2 = 0 Then
        return 0
    Else
        return 1
    End If
End Function
```

15. 设有如下代码：

```
Private Sub Form_Load()
   Show
   Dim b() As Variant
   b = Array(1, 3, 5, 7, 9, 11, 13, 15)
   Call search(b)
   For i = 0 To 7
      Print b(i)
   Next i
End Sub
```

此程序的功能是通过过程调用，把数组中的元素按逆序存放。为实现此功能，缺少的过程的程序段是(　　)。

A.
```
Private Sub search(Dim a() As Variant )
    Dim T
    For i = LBound(a) To UBound(a)
        T = a(i): a(i) = a(UBound(a) - i): a(UBound(a) - i) = T
    Next i
End Sub
```

B.
```
Private Sub search(Dim a() As Variant )
    Dim T
    Dim J As Integer
    J = (LBound(a) + UBound(a)) \ 2
    For i = LBound(a) To J
        T = a(i): a(i) = a(UBound(a) - i): a(UBound(a) - i) = T
    Next i
End Sub
```

C.
```
Private Sub search(a() As Variant)
    Dim T
    For i = LBound(a) To UBound(a)
        T = a(i): a(i) = a(UBound(a) - i): a(UBound(a) - i) = T
    Next i
End Sub
```

D.
```
Private Sub search(a() As Variant)
    Dim T
    Dim J As Integer
    J = (LBound(a) + UBound(a)) \ 2
    For i = LBound(a) To J
        T = a(i): a(i) = a(UBound(a) - i): a(UBound(a) - i) = T
    Next i
End Sub
```

16. 设有如下通用过程：

```
Public Sub Fun(a(), ByVal x As Integer)
   For i = 1 To 5
      x = x + a(i)
   Next i
End Sub
```

在窗体上画一个名称为Text1的文本框和一个名称为Command1的命令按钮，然后编写如下的事件过程：

```
Private Sub Command1_Click()
   Dim arr(5) As Variant
   For i = 1 To 5
      arr(i) = i
   Next i
   n = 10
   Call Fun(arr(), n)
   Text1.Text = n
End Sub
```

程序运行后，单击命令按钮，则在文本框中显示的内容是(　　)。

A. 10　　B. 15　　C. 25　　D. 24

17. (　　)关键字声明的局部变量在整个程序运行中一直存在。

A. Dim　　B. Public　　C. Static　　D. Private

18. 在过程定义中，Private表示(　　)。

A. 此过程可以被其他过程调用

B. 此过程不可以被任何其他过程调用

C. 此过程只可以被本工程中的其他过程调用

D. 此过程只可以被本窗体模块中的其他过程调用

19. 以下关于作用范围的描述中，正确的是(　　)。

A. 所有变量(Public/Global/Static/Private)都可以放到窗体的通用部分定义

B. 所有变量(Public/Global/Static/Private)都可以放到标准模块中定义

C. Public/Global类的变量只能放在标准模块中定义

D. 只有Global类的变量必须放在标准模块中定义

20. 以下关于变量作用域的叙述中，不正确的是(　　)。

A. 在过程中只能定义局部变量

B. 全局变量只能用Public来定义

C. 在模块中的声明部分可用Private或Dim定义模块级变量

D. 在窗体中的声明部分可以定义窗体级变量

21. 关于Public conters(2 to 14) As Integer声明的正确描述是(　　)。

A. 定义一个全局变量conters，其值可以是2到14之间的一个整型数

B. 定义一个全局数组conters，数组内可存放14个整数

C. 定义一个全局数组conters，数组内可存放13个整数

D. 定义一个全局数组conters，数组内可存放12个整数

22. 在通用声明中定义a,在窗体中添加一个命令按钮Command1,编写如下程序代码:

```
Dim a As Integer
Sub test()
  a = a + 1: b = b + 1: c = c + 1
  Print "Sub: " ; a ; b ; c
End Sub
Private Sub Command1_Click()
  a = 2: b = 3: c = 4
  Call test
  Call test
End Sub
```

程序运行后,单击命令按钮Command1,窗体中将显示(　　)。

A. Sub:3　4　5
　Sub:4　5　6

B. Sub:2　3　4
　Sub:2　3　4

C. Sub:3　1　1
　Sub:4　1　1

D. Sub:1　1　1
　Sub:1　1　1

23. 设有如下程序:

```
Static Function fac(n As Integer) As Integer
   Dim f As Integer
   f = f + n
   fac = f
End Function
Private Sub Form_Click()
   Dim i As Integer
   For i = 2 To 3
       Print "#";  i & " = " & fac(i)
   Next i
End Sub
```

程序运行后,单击窗体,在窗体上显示的是(　　)。

A. ＃2＝2
　＃3＝3

B. ＃2＝2
　＃3＝5

C. ＃;2＝2
　3＝3 ＃;

D. ＃;2＝2
　3＝5

24. 在窗体中添加一个名称为Command1的命令按钮,然后编写如下程序:

```
Function fun(x As Integer)
   Static z
   y = y + 1: z = z + 1
   fun = x + y + z
End Function
Private Sub Command1_Click()
   Dim x As Integer
   x = 1
   For i = 1 To 2
      Print fun(x);
   Next i
End Sub
```

程序运行后，如果单击命令按钮 Command1，窗体中显示的内容是(　　)。

A. 3 3　　B. 3 4　　C. 3 2　　D. 2 3

25. 在窗体上画一个名称为 Command1 的命令按钮和三个名称分别为 Label1、Label2、Label3 的标签，然后编写如下代码：

```
Private x As Integer
Private Sub Command1_Click()
    Static y As Integer
    Dim z As Integer
    n = 10
    z = n + z
    y = y + z
    x = x + z
    Label1.Caption = x
    Label2.Caption = y
    Label3.Caption = z
End Sub
```

程序运行后，连续三次单击命令按钮 Command1 后，则三个标签中显示的内容分别是(　　)。

A. 10 10 10　　B. 30 30 30　　C. 30 30 10　　D. 10 30 30

26. 设有如下通用过程：

```
Public Function f(x As Integer)
   Dim y As Integer
   x = 20
   y = 2
   f = x * y
End Function
```

在窗体上画一个名称为 Command1 的命令按钮，然后编写如下事件过程：

```
Private Sub Command1_Click()
    Static x As Integer
    x = 10
    y = 5
    y = f(x)
    Print x; y
End Sub
```

程序运行后，如果单击命令按钮 Command1，则在窗体上显示的内容是(　　)。

A. 10 5　　B. 20 5　　C. 20 40　　D. 10 40

27. 在窗体中添加一个命令按钮 Command1，并有以下程序：

```
Function retnum()
   nl = Chr(13) + Chr(10)
   msg$ = "1.运行 VB应用程序" + nl + "3.计算器"
   msg$ = msg$ + nl + "请输入数字选择"
   retnum = InputBox(msg$, Title, Default)
End Function
```

```
Private Sub Command1_Click()
   r = retnum
   If r = 1 Then
      x = Shell("c:\vbp\vbexam.exe", 1)
   ElseIf r = 2 Then
      z = Shell("calc.exe", 1)
   Else
     MsgBox "请输入 1～2 的数"
   End If
End Sub
```

程序运行后,单击命令按钮 Command1,在输入对话框内输入"2",窗体将显示(　　)。

A. 请输入 1～2 的数　　B. Windows 的计算器

C. 调用 C:\vbp\vbexam.exe 程序并运行　　D. 出错

二、填空题

1. 在 VB 中根据变量的作用域不同,变量可以分为(　　)、(　　)和(　　)。
2. 在 VB 应用程序中,过程主要有(　　)、(　　)、(　　)和属性过程四类。
3. 给定下列窗体模块,单击命令按钮 Command1 后的执行结果为(　　)。

```
Public x As Integer
Private Sub Command1_Click()
   x = 10
   Print x;
   Call s1(x)
   Print x;
   Call s2(x)
   Print x;
End Sub
Private Sub s1(Byval x1 as Integer)
   x1 = x1 + 20
End Sub
Private Sub s2(x2 as Integer)
   x2 = x2 + 20
End Sub
```

4. 设有如下程序:

```
Private Sub Form_Click()
   Dim a As Integer, b As Integer
   a = 20: b = 50
   p1 a, b
   p2 a, b
   p3 a, b
   Print "a = "; a, "b = "; b
End Sub
Sub p1(x As Integer, ByVal y As Integer)
   x = x + 10
   y = y + 20
End Sub
```

```
Sub p2(ByVal x As Integer, y As Integer)
    x = x + 10
    y = y + 20
End Sub
Sub p3(ByVal x As Integer, ByVal y As Integer)
    x = x + 10
    y = y + 20
End Sub
```

该程序运行后，单击窗体，则在窗体上显示的内容是：a =(　　)和 b =(　　)。

5. 在窗体中添加一个名称为 Command1 的命令按钮，然后编写如下程序：

```
Sub sub1(b() as Integer )
   For i = 1 To 4
      b(i) = 2 * i
   Next i
End Sub
Private Sub Command1_Click()
   Dim a(1 To 4) As Integer
   a(1) = 5: a(2) = 6
   a(3) = 7: a(4) = 8
   sub1 a()
   For i = 1 To 4
      Print a(i);
   Next i
End Sub
```

运行上面的程序，单击命令按钮 Command1，则在窗体上显示的内容是(　　)。

6. 设有如下程序：

```
Private Sub search(a() As Variant, ByVal key As Variant, index% )
   Dim I%
   For I = LBound(a) To UBound(a)
      If key = a(I) Then
         index = I
         Exit Sub
      End If
   Next I
   index = -1
End Sub
Private Sub Form_Load()
   Show
   Dim b() As Variant
   Dim n As Integer
   b = Array(1, 3, 5, 7, 9, 11, 13, 15)
   Call search(b, 11, n)
   Print n
End Sub
```

程序运行后，输出结果是(　　)。

7. 设有如下程序：

```
Option Explicit
Dim x As Integer
Private Sub Form_Click()
    Static y As Integer
    Call sub1(y)
    Print "x = "; x, "y = "; y
    x = fun1(y)
    Print "x = "; x, "y = "; y
End Sub
Public Sub sub1(x As Integer)
    x = x + 1
End Sub
Public Function fun1(ByVal x As Integer) As Integer
    fun1 = 2 * x
End Function
```

连续单击窗体两次后,程序运行结果为(　　)。

8. 设有以下程序:

```
Private Sub Command1_Click()
   Dim s As String, k As Integer, p As Integer, n As Integer
   s = InputBox("s = ")
   n = 0
   For k = 1 To Len(s)
     p = Val(Mid(s,k,1))
     n = n + fact(p)
   Next k
   Print n
End sub
Function fact(x As Integer)
   Dim y As Long , k As Integer
   fact = 1
   For k = 1 To x
      fact = fact * k
   Next k
End Function
```

当程序运行后,输入 1234,程序的输出结果是(　　),函数 fact 的功能是(　　)。

9. 设有以下程序:

```
Private Sub Form_Click()
   Dim x As Integer
   Static s As Integer
   x = Val(InputBox("x = "))
   Do While x > = 0
      s = s + x
      x = x - 1
   Loop
   Print "s = " ; s
End Sub
```

连续单击窗体三次,第一次输入 3,第二次输入−2,第三次输入 1,窗体上显示的结果是(　　)。

10. 设有以下程序:

```
Dim x As Integer
Private Sub Form_Click()
   Dim z As Integer
   Static y As Integer
   z = 1
   Call abc(y,z)
   Print "x = "; x, "y = "; y, "z = "; z
End Sub
Public Sub abc(a As Integer,b As Integer)
   a = a + 1
   b = b * a
   x = x + 1
End Sub
```

连续两次单击窗体后,程序输出结果为(　　)。

11. 设有以下程序:

```
Private Sub Form_Click()
   Dim x As Integer
   Static s As Integer
   x = Val(InputBox("请输入一个正整数 = "))
   If x Mod 2 = 0 Then
      s = s * x
   Else
      s = s + x
   End If
   Me.Print "s = " + Str(s)
End Sub
```

单击窗体 4 次(每次输入分别为 1、2、3、4)后,窗体上显示的结果为(　　)。

12. 这是一个用户名校验程序。如用户名正确,即输出欢迎字样(见图 8.1),否则弹出警告窗体并直接退出程序(见图 8.2)。请将下列程序补充完整。

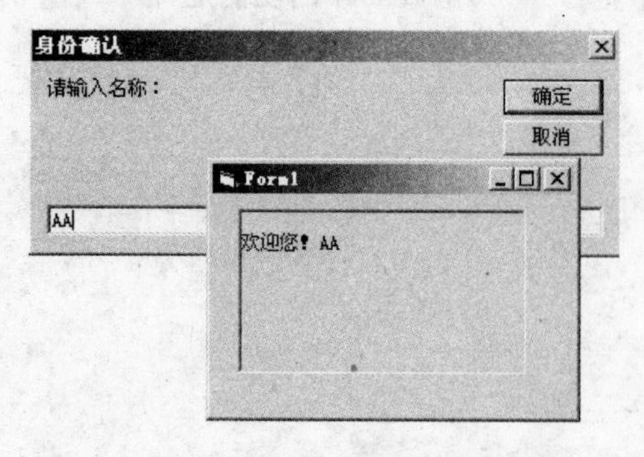

图 8.1　填空题第 12 题用户界面 1

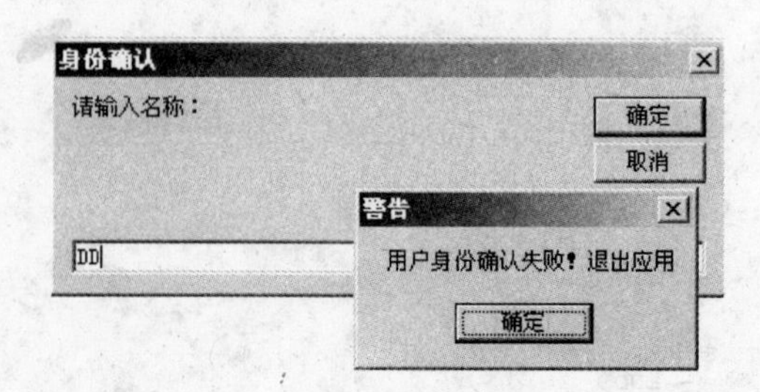

图 8.2　填空题第 12 题用户界面 2

```
Option Explicit
Dim name1(2) As String
Dim Flag As Boolean
Dim InputName As String
Private Sub Form_Load()
   Dim i As Integer
   name1(0) = "AA"
   name1(1) = "BB"
   name1(2) = "CC"
   Flag = False
   InputName = InputBox("请输入名称：", "身份确认", "")
   For i = 0 To  【1】
      If InputName = Name1(i) Then
         Flag = True
      End If
   Next i
   If Flag = False Then
      MsgBox "用户身份确认失败!退出应用", vbOKOnly, "警告"
      【2】
   End If
End Sub
Private Sub Form_Paint()
   Picshowmsg.Print "欢迎您!" + InputName
End Sub
```

13. 下列程序段用于计算 1＋2＋3！＋4！＋…＋20！并打印出来。请将程序补充完整。

```
Option Explicit
 【1】
Private Sub Form_Click()
   Dim S As Single, j As Integer
   For j = 1 To 20
      nfactor  【2】
      S = S + F
   Next j
   Form1.Print "S = "; S
End Sub
Sub nfactor(ByVal n As Double)
   Dim I As Integer
   Dim temp As Single
    【3】
   For  【4】
      temp = temp * I
   Next I
    【5】
End Sub
```

14. 以下程序随机产生 100 个属于[3,1000]区间的整数，利用 Isprime 函数过程判断一个整数是否是素数，挑出其中的素数放在数组 b 中，对这些素数按从大到小的顺序进行排序，最后按每行5个的格式输出这些素数。请将程序补充完整。

```
Private Sub Form_Click()
    Dim a(100) As Integer
    Dim b(100) As Integer
    Dim i As Integer, j As Integer, n As Integer
    For i = 1 To 100
        a(i) = 【1】
    Next i
    For i = 1 To 100
        If Isprime(a(i)) Then
            n = n + 1
            b(n) = 【2】
        End If
    Next i
    For i = 1 To n - 1
        For j = i + 1 To n
            If b(i) < b(j) Then
                swap 【3】
            End If
        Next j
    Next i
    j = 1
    For i = 1 To n
        Print b(i); " ";
        If 【4】 Then Print
        j = j + 1
    Next i
End Sub
Public Function Isprime(x As Integer) As Boolean
    Dim i As Integer
    Isprime = False
    For i = 2 To x - 1
        If x Mod i = 0 Then Exit For
    Next i
    If i > x - 1 Then
        【5】
    End If
End Function
Public Sub swap(a As Integer, b As Integer)
    Dim temp As Integer
    temp = a
    a = b
    b = temp
End Sub
```

键盘与鼠标事件

9.1 知识点总结

9.1.1 鼠标事件

1. 常见鼠标事件

大多数控件能够识别鼠标的 MouseMove、MouseDown 和 MouseUp 事件。

- MouseMove：每当鼠标指针移动到屏幕新位置时触发。
- MouseDown：按下任意鼠标键时触发。
- MouseUp：释放任意鼠标键时触发。

2. 事件过程的语法格式

MouseMove、MouseDown、MouseUp 三个事件的过程语法格式如下：

```
Sub Object_MouseMove(Button As Integer,Shift As Integer,X As Single,Y As Single)
Sub Object_MouseDown(Button As Integer,Shift As Integer,X As Single,Y As Single)
Sub Object_MouseUp(Button As Integer,Shift As Integer,X As Single,Y As Single)
```

3. 事件过程的参数

(1) Button 参数表示按下或松开鼠标哪个键，详细说明见表 9.1。

表 9.1 Button 参数表

参数(Button)	值	说明
vbLeftButton	1	左按钮被按下
vbRightButton	2	右按钮被按下
vbMiddleButton	4	中间按钮被按下

(2) Shift 参数表示在 Button 参数指定的按钮被按下或者被松开的情况下键盘的 Shift、Ctrl 和 Alt 键的状态。Shift 参数说明见表 9.2。

(3) 参数 X、Y 表示鼠标指针的位置，通过 X 和 Y 参数返回一个指定鼠标指针当前位置的坐标，X 和 Y 的值是使用该对象的坐标系统表示鼠标指针当前位置。

表 9.2 Shift 参数表

参数(Shift)	值	说 明
vbShiftMask	1	Shift 键被按下
vbCtrlMask	2	Ctrl 键被按下
vbAltMask	4	Alt 键被按下

9.1.2 键盘事件

在 Visual Basic 中提供 KeyPress、KeyDown、KeyUp 三种键盘事件，窗体和接受键盘输入的控件都能识别这三种事件。

- KeyPress：按下对应某 ASCII 字符的键时触发。
- KeyDown：按下键盘的任意键时触发。
- KeyUp：释放键盘的任意键时触发。

只有获得焦点的对象才能够接受键盘事件。

1. KeyPress 事件

KeyPress 事件过程的语法格式为：

```
Sub Object_KeyPress (KeyAscii As Integer)
```

其中，Object 是指窗体或控件对象名，KeyAscii 参数返回所按键的 ASCII 码值。
注意：KeyPress 事件不能够检测其他功能键、编辑键和定位键。

2. KeyDown、KeyUp 事件

KeyUp 和 KeyDown 事件过程的语法格式如下：

```
Sub Object_KeyDown(KeyCode As Integer, Shift As Integer)
Sub Object_KeyUp(KeyCode As Integer, Shift As Integer)
```

其中，KeyCode 参数表示按下的物理键。上挡键字符和下挡键字符也是使用同一键，它们的 KeyCode 值相同；Shift 参数表示事件发生时响应 Shift、Ctrl 和 Alt 键的状态，它是一个整数。其含义与 MouseMove、MouseDown、MouseUp 事件中的 Shift 参数完全相同。

9.2 重点与难点总结

1. MouseMove、MouseDown、MouseUp 事件。
2. KeyPress、KeyDown、KeyUp 事件。

9.3 试题解析

【试题 1】 以下叙述中正确的是（　　）。

A. 在 KeyPress 事件过程中不能识别键盘按键的按下与释放

B. 在 KeyPress 事件过程中不能识别回车键

C. KeyAscii 参数是所按键上标注的字符

D. KeyAscii 参数的数据类型为字符串

【分析】 KeyDown 事件识别键盘按键的按下，KeyUp 事件识别键盘按键的释放，KeyPress 事件不能识别键盘按键的按下与释放，A 选项正确。"回车键"字符在 ASCII 码表中存在，KeyPress 事件能够识别，B 选项错误。KeyAscii 参数是所按键的 ASCII 码值，数据类型为整型，C 选项、D 选项错误。

【答案】 A

【试题 2】 以下叙述中错误的是(　　)。

A. 在 KeyDown 和 KeyUp 事件过程中，将键盘输入的"A"和"a"视作相同的字母

B. 在 KeyDown 和 KeyUp 事件过程中，从大键盘上输入的"1"和从右侧小键盘上输入的"1"被视作不同的字符

C. KeyAscii 参数是所按键的 ASCII 码

D. KeyAscii 参数可以省略

【分析】 KeyDown 和 KeyUp 事件过程中的参数 KeyCode，大写字母和小写字母使用同一个键，它们的 KeyCode 相同(使用大写字母的 ASCII 码)。大键盘上的数字键与数字键盘上相同的数字键的 KeyCode 是不一样的。对于有上挡字符和下挡字符的键，其 KeyCode 为下挡字符的 ASCII 码，所以 A 选项、B 选项正确。KeyAscii 参数不能省略，D 选项错误。

【答案】 D

【试题 3】 在窗体上画一个名称为 Text1 的文本框，然后编写如下的事件过程：

```
Private Sub Text1_KeyPress(KeyAscii As Integer)
  ……
End Sub
```

假定焦点已经位于文本框中，则能够触发 KeyPress 事件的操作是(　　)。

A. 单击鼠标　　B. 双击文本框

C. 鼠标滑过文本框　　D. 按下键盘上的某个键

【分析】 当按下键盘上的某个键时，会触发 KeyPress 事件；其他 3 个选项为鼠标操作，不可能触发 KeyPress 事件。

【答案】 D

【试题 4】 在窗体上画 1 个文本框，其名称为 Text1，然后编写如下过程：

```
Private Sub Text1_KeyDown(KeyCode As Integer, Shift As Integer)
   Print Chr(KeyCode)
End Sub
Private Sub Text1_KeyUp(KeyCode As Integer, Shift As Integer)
   Print Chr(KeyCode + 4)
End Sub
```

程序运行后，把焦点移到文本框中，此时如果按 A 键，则输出结果为(　　)。

A. A　A　　B. A　B　　C. A　E　　D. A　D

【分析】 KeyDown 和 KeyUp 事件过程中的参数 KeyCode，大写字母和小写字母使用同一个键，它们的 KeyCode 相同(使用大写字母的 ASCII 码)，所以 KeyCode 值为 65，分别输出 A、E。

【答案】 C

【试题 5】 在窗体上画一个命令按钮和两个文本框，其名称分别为 Command1、Text1 和 Text2，然后编写如下程序：

```
Dim X As String, Y As String
Private Sub Form_Load()              '程序初启动时文本框为空
      Text1. Text = ""
      Text2. Text = ""
End Sub
Private Sub Text1_KeyDown(KeyCode As Integer, Shift As Integer)
      Y = Y & Chr(KeyCode)
End Sub
Private Sub Text2_KeyPress(KeyAscii As Integer)
      X = X & Chr(KeyAscii)
End Sub
Private Sub Command1_Click()
      Text1.Text = Y
      Text2.Text = X
      X = ""
      Y = ""
End Sub
```

程序运行后，在 Text1 和 Text2 文本框中分别输入"abc"，然后单击命令按钮，在文本框 Text1 和 Text2 中显示的内容分别为(　　)。

A. abc 和 ABC　　B. abc 和 abc　　C. ABC 和 abc　　D. ABC 和 ABC

【分析】 Text1 中 KeyDown 事件，KeyCode 参数是对应大写字母的 ASCII 码，每输入一个字符，由 Chr(KeyCode)转换成对应大写字母字符，然后由"&"连接，所以 Y 中的值为 ABC。Text2 中 KeyPress 事件，KeyAscii 参数是所按键的 ASCII 码，由 Chr(KeyAscii) 转换成对应的字母字符，由"&"连接，所以 X 中的值为 abc。

【答案】 C

9.4 同步练习

一、选择题

1. 在 VB 中，按下鼠标键触发事件，正确的程序段是(　　)。

A.
```
Private Sub Form_MouseDown(Button As Integer, Shift As Integer, X As Single, Y As Single)
……
End Sub
```

B.
```
Private Sub Form_MouseUP(Button As Integer, Shift As Integer, X As Single, Y As Single)
……
End Sub
```

C.
```
Private Sub Form_MouseMove(Button As Integer, Shift As Integer, X As Single, Y As Single)
  ……
End Sub
```
D.
```
Private Sub Form_Load()
  ……
End Sub
```

2. 程序运行后,在窗体上单击鼠标,此时窗体不会接收到的事件是(　　)。

A. MouseUp　　B. MouseDown　　C. KeyDown　　D. Click

3. 有如下程序代码:

```
Private Sub Form_MouseDown(Button As Integer, Shift As Integer, X As Single, Y As Single)
  FillColor = QBColor(Int(Rnd * 15))
  FillStyle = Int(Rnd * 8)
  Circle (X, Y), 250
End Sub
```

该程序的功能是(　　)。

A. 鼠标拖动时在窗体中构造一个圆　　B. 单击鼠标时在窗体中构造一个圆

C. 双击鼠标时在窗体中构造一个圆　　D. 加载窗体时在窗体中构造一个圆

4. 把窗体的 KeyPreview 属性设置为 True。编写程序,程序运行后,如果按下"a"键,则在窗体上输出的数值为"65　97",正确的程序段是(　　)。

A.
```
Private Sub Form_KeyDown(KeyAscii As Integer, Shift As Integer)
    Print KeyAscii;
End Sub
Private Sub Form_KeyPress(KeyAscii As Integer)
    Print KeyAscii
End Sub
```
B.
```
Private Sub Form_KeyDown(KeyCode As Integer, Shift As Integer)
    Print KeyCode;
End Sub
Private Sub Form_KeyPress(KeyAscii As Integer)
    Print KeyAscii
End Sub
```
C.
```
Private Sub Form_KeyDown(KeyCode As Integer)
    Print KeyCode;
End Sub
Private Sub Form_KeyPress(KeyCode As Integer)
    Print KeyCode
End Sub
```
D.
```
Private Sub Form_KeyDown(KeyCode As Integer, Shift As Integer)
    Print KeyCode
End Sub
Private Sub Form_keydown(KeyCode As Integer, Shift As Integer)
    Print KeyCode
End Sub
```

5. 在窗体上画一个命令按钮,名称为 Command1,然后编写如下程序:

```
Private Sub Command1_MouseDown(Button As Integer, Shift As Integer, X As Single, Y As Single)
    If Button = 2 Then
        Print "12345"
    End If
End Sub
Private Sub Command1_MouseUp(Button As Integer, Shift As Integer, X As Single, Y As Single)
    Print "67890"
End Sub
```

程序运行后,在命令按钮 Command1 上右击,则在窗体上显示的内容是(　　)。

A. 1 2 3 4 5　　　　B. 6 7 8 9 0

C. 1 2 3 4 5
6 7 8 9 0　　　　D. 6 7 8 9 0
1 2 3 4 5

6. 窗体的 MouseDown 事件过程如下:

```
Sub Form_MouseDown (Button As Integer, Shift As Integer, X As Single, Y As Single)
  ......
End Sub
```

该过程有 4 个参数,关于这些参数的正确描述是(　　)。

A. 通过 Button 参数判定当前按下的是哪一个鼠标键

B. Shift 参数只能用来确定是否按下 Shift 键

C. Shift 参数只能用来确定是否按下 Alt 和 Ctrl 键

D. 参数 X,Y 用来设置鼠标当前位置的坐标

7. 在窗体上画一个名称为 Text1 的文本框,并编写如下程序:

```
Private Sub Form_Load()
    Show
    Text1.Text = ""
    Text1.SetFocus
End Sub
Private Sub Form_MouseUp(Button As Integer, Shift As Integer, X As Single, Y As Single)
    Print "程序设计"
End Sub
Private Sub Text1_KeyDown(KeyCode As Integer, Shift As Integer)
    Print "Visual Basic";
End Sub
```

程序运行后,如果按"A"键,然后单击窗体,则在窗体上显示的内容是(　　)。

A. Visual Basic　　　　B. 程序设计

C. A 程序设计　　　　D. Visual Basic 程序设计

8. 在窗体中添加一个文本框 Text1,然后编写如下代码:

```
Private Sub Text1_KeyPress(KeyAscii As Integer)
    Dim char As String
    char = Chr$ (KeyAscii)
    KeyAscii = Asc(UCase(char))
    Text1.Text = String(3, KeyAscii)
```

```
End Sub
```

程序运行后，如果在键盘上输入字母"a"，则文本框中显示的内容为(　　)。

A. a　　B. A　　C. aaaa　　D. AAAA

9. 对窗体编写如下代码：

```
Private Sub Form_MouseDown(Button As Integer, Shift As Integer, X As Single, Y As Single)
    If Button = 2 Then
      Print "****"
    End If
End Sub
Private Sub Form_MouseUp(Button As Integer, Shift As Integer, X As Single, Y As Single)
    Print "####"
End Sub
```

程序运行后，如果右击鼠标，则输出结果为(　　)。

A. ****　　B. ####　　C. ****
####　　D. ####
****

10. 在窗体中添加两个文本框，其名称分别为 Text1 和 Text2。编写程序，使得程序运行后，在文本框 Text2 中输入小写字母，能转换为 ASCII 码比此字母小 4 的大写字母，结果显示在文本框 Text1 中。如输入 efg，则输出结果为 ABC。能够实现上述功能的程序是(　　)。

A.
```
Private Sub Form_Load()
    Show
    Text1.Text = ""
    Text2.Text = ""
    Text2.SetFocus
End Sub
Private Sub Text2_KeyDown(KeyCode As Integer, Shift As Integer)
    Text1.Text = Chr(KeyCode - 4)
End Sub
```

B.
```
Private Sub Form_Load()
    Show
    Text1.Text = ""
    Text2.Text = ""
    Text2.SetFocus
End Sub
Private Sub Text2_KeyDown(KeyCode As Integer, Shift As Integer)
    Text1.Text = Text1.Text + Chr(KeyCode - 4)
End Sub
```

C.
```
Private Sub Form_Load()
    Show
    Text1.Text = ""
    Text2.Text = ""
    Text2.SetFocus
End Sub
Private Sub Text2_Click(KeyCode As Integer, Shift As Integer)
    Text1.Text = Text1.Text + Chr(KeyCode - 4)
End Sub
```

D.
```
Private Sub Form_Load()
    Show
    Text1.Text = ""
    Text2.Text = ""
    Text2.SetFocus
End Sub
Private Sub Text2_Click(KeyCode As Integer, Shift As Integer)
    Text1.Text = Chr(KeyCode - 4)
End Sub
```

二、填空题

1. 在执行窗体或控件的 KeyDown 和 KeyUp 事件过程时,Shift 参数的值为 6 时,表示用户按下了(　　)键。

2. 下面程序段的功能为:当按下鼠标左键时,命令按钮(Name 属性值为 Command1)移动到鼠标单击的位置,请填空。

```
Private Sub Form_MouseDown(Button As Integer, Shift As Integer, X As Single, Y As Single)
  (    )
End Sub
```

3. 在窗体中添加一个名称为 Text1 的文本框、两个名称分别为 Command1 和 Command2 的命令按钮。要求程序运行后,用户向文本框中输入字母,单击 Command1 按钮则文本框中字母全部转换为大写,单击 Command2 按钮则文本框中字母全部转换为小写。请将下列程序补充完整。

```
Private Sub Text1_KeyUp(KeyCode As Integer, Shift As Integer)
    ____【1】____ = Text1.Text
End Sub
Private Sub Command1_Click()
    Text1.Text = ____【2】____
End Sub
Private Sub Command2_ ____【3】____
    Text1.Text = LCase(Text1.Tag)
End Sub
```

第10章 菜单、通用对话框和多窗体

10.1 知识点总结

10.1.1 菜单程序设计

Windows应用程序通常通过菜单为用户提供一组命令。菜单一般分为两种：下拉式菜单和弹出式菜单。下拉式菜单包括顶层菜单、菜单项和子菜单；弹出式菜单又称为快捷菜单。单击鼠标右键，可以根据右击鼠标时的位置弹出不同的菜单。

1. 菜单编辑器

菜单编辑器是设计菜单的工具，其工作界面分为3个部分：数据区、编辑区和菜单项显示区（见图10.1）。

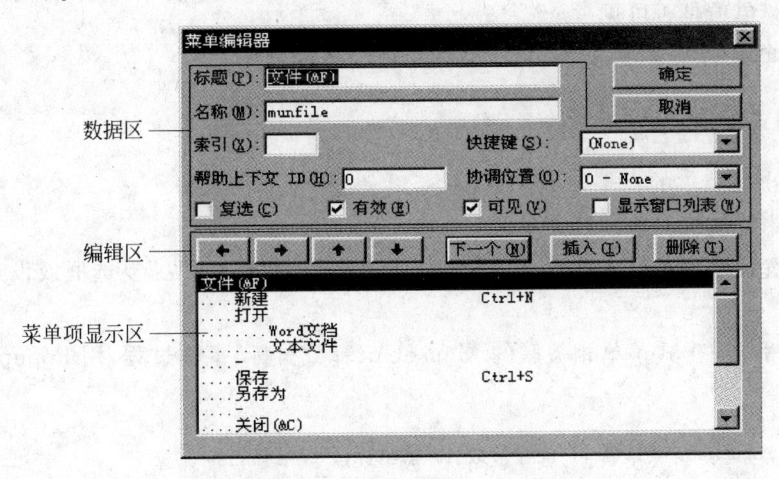

图10.1 菜单编辑器工作界面

(1) 数据区

用来设置属性。包括“标题”(Caption)输入框、“名称”(Name)输入框、“索引”(Index)输入框、“快捷键”下拉式列表框、“帮助上下文ID”输入框、“协调位置”下拉式列表框、“复选”复选框、“有效”复选框、“可见”复选框和“显示窗口列表”复选框。

(2) 编辑区

编辑区共有7个按钮，用来对输入的菜单项进行简单的编辑。

(3) 菜单项显示区

输入的菜单项在菜单项显示区显示出来，通过内缩符号(…)标明菜单项的层次。条形光标所在的菜单项是“当前菜单项”。

注意：在“标题”栏内只输入一个“-”，则表示产生一个分隔线；在输入菜单项时，如果在字母前加上“&”，则建立该菜单的访问键，即通过“Alt＋字母”打开菜单或执行菜单命令。

2. 用菜单编辑器建立菜单

(1) 界面设计

建立菜单时，每个菜单项都必须提供菜单项的“标题”和“名称”属性，“有效”和“可见”属性一般默认为True，只有在必要时才设置其他属性。

(2) 编写程序代码

每个菜单项可以看成是一个控件，除分隔线以外的所有菜单项都能识别Click事件。

3. 菜单项的控制

(1) 使菜单命令有效或无效

所有的菜单项都具有Enabled属性，当该属性为True(默认值)时，有效；若为False，则菜单项会变暗，菜单命令无效。

(2) 显示菜单项的复选标记

使用菜单项的Checked属性，可以设置复选标记。

(3) 使菜单项是否可见

使用菜单项的Visible属性，可以设置菜单项是否可见。

4. 弹出式菜单

创建弹出式菜单的步骤如下。

(1) 使用菜单编辑器设计菜单。

(2) 设置顶层菜单项为不可见，即不选菜单编辑器里的“可见”复选框或设定Visible属性为False。

(3) 编写与弹出式菜单相关联的MouseUp(释放鼠标)事件过程，用PopupMenu方法，格式为：

```
[对象.] PopupMenu 菜单名 [, 位置常数][, 横坐标[, 纵坐标]]]
```

10.1.2 对话框程序设计

“对话框”可以被看作是一种特殊的窗体，它的大小一般不可改变，也没有“最小化”和“最大化”按钮，它只有一个“关闭”按钮(有时还包含一个“帮助”按钮)。

Visual Basic有三种对话框：

- 系统预定义的对话框(InputBox和MsgBox)。
- 用户自定义对话框。
- 通用对话框控件。

1. 用户自定义对话框

(1) 由普通窗体创建自定义对话框

对话框窗体与一般窗体在外观上是有区别的,需要通过设置以下属性值来自定义窗体外观。

- BorderStyle 属性：窗体的 BorderStyle 属性值设置为 3。
- ControlBox 属性：属性值为 True 时窗体显示控制菜单框,为 False 时则不显示。

(2) 使用对话框模板窗体创建对话框

Visual Basic 6.0 系统提供了多种不同类的"对话框"模板窗体,通过"工程"菜单中的"添加窗体"命令,即可打开"添加窗体"对话框。

用户可以选择的对话框有"关于"对话框、对话框、"登录"对话框、日积月累、ODBC 登录、"选项"对话框共 6 类。

(3) 自定义对话框的显示和关闭

使用窗体对象的 Show 方法显示自定义对话框,使用 Hide 方法或 UnLoad 语句来关闭自定义对话框,其格式为:

```
Me.Hide  或  [窗体名.] Hide
UnLoad 窗体名
```

2. 通用对话框控件

(1) 添加通用对话框控件到工具箱

添加通用对话框控件到工具箱的步骤如下。

① 选择"工程"菜单中的"部件"菜单项。

② 在"控件"选项卡中选中"Microsoft CommonDialog 6.0",单击"确定"按钮。

(2) 通用对话框类型

通用对话框有 6 种不同的类型(见表 10.1),可通过通用对话框的 Action 属性或相关方法来设置。

表 10.1　通用对话框类型

类　型	Action 属性	方　法
打开(Open)	1	ShowOpen
另存为(Save As)	2	ShowSave
颜色(Color)	3	ShowColor
字体(Font)	4	ShowFont
打印机(Printer)	5	ShowPrinter
帮助(Help)	6	ShowHelp

(3) 文件对话框

文件对话框分为打开(Open)文件对话框和保存(Save As)文件对话框两种,文件对话框的属性如下。

- FileName：设置或返回用户所选定的文件名(包含路径)。

- FileTitle：设置或返回用户所选定的文件名(不包含路径)。
- Filter：确定文件列表框中所显示文件的类型，该属性的值显示在“文件类型”列表框中。
- FilterIndex：为整型值，表示用户在文件类型列表框选定了第几组文件类型。
- InitDir：指定打开对话框中的初始目录。
- DefaultExt：字符型，用于确定保存文件的默认扩展名。
- CancelError：逻辑型值，表示用户在与对话框进行信息交换时，按下“取消”按钮是否产生出错信息。

(4) 颜色对话框

颜色对话框用来设置颜色，主要属性为 Color，设置初始颜色，并把在对话框中选择的颜色返回给应用程序。

(5) 字体对话框

可在字体对话框中设置应用程序所需的字体，主要属性有：FontName、FontSize、FontBold、FontItalic、FontStrikethru、FontUnderline、Max、Min 等。

(6) 打印机对话框

用打印机对话框可以选择要使用的打印机，并可为打印处理指定相应的选项，主要属性如下。

- FromPage：整型，起始页号。
- ToPage：整型，终止页号。
- Copies：整型，打印份数。

10.1.3 多窗体程序设计

1. 与多窗体程序设计有关的语句和方法

(1) Load 语句

功能：装入窗体到内存。

格式：**Load 窗体名称**

说明：执行 Load 语句后，窗体并不显示出来，但可引用该窗体中的控件及各种属性。

(2) Show 方法

功能：显示一个窗体。

格式：**[窗体名称.] Show [模式]**

说明：“模式”参数取值为 0 或 1。其中，0——Modeless(非模式)：可以对其他窗体进行操作；1——Model，关闭才能对其他窗体进行操作。

(3) Unload 语句

功能：从内存删除窗体。

格式：**Unload 窗体名称**

说明：当窗体卸载之后，所有在运行时放到该窗体上的控件都不能再访问，但在设计时放到该窗体上的控件将保持不变。在卸载窗体时,只有显示的部件被卸载,与该窗体模块相关联的代码还保持在内存中。

(4) Hide 方法

功能:隐藏窗体。

格式:[窗体名称.] Hide

说明:隐藏窗体后,窗体仍在内存中,并没有被删除,只是不可见。

2. 多窗体程序的执行与保存

(1) 添加窗体。通过"工程"菜单中的"添加窗体"命令来实现。

(2) 删除窗体。选择"工程"菜单中的"移除"命令。

(3) 保存窗体。选择"文件"菜单中的"保存"或"另存为"命令。

(4) 设置启动窗体。选择"工程"菜单中的最后一项"** 属性",在"工程属性"对话框中选择"通用"选项卡,在"启动对象"列表框中选择窗体名称,单击"确定"按钮完成。

3. VB 工程结构

(1) Sub Main 过程

有时在程序启动时不加载任何窗体,而是首先执行一段程序代码,此时把要执行的程序代码放在 Sub Main 过程中,并指定 Sub Main 为"启动对象"。应用程序在运行时会先执行 Sub Main 过程。

注意:在一个工程中只能有一个 Sub Main 过程。

(2) 窗体模块(见第 8 章)

(3) 标准模块(见第 8 章)

10.2 重点与难点总结

1. 用菜单编辑器建立菜单。
2. 文件对话框。
3. 多窗体处理。
4. Sub Main 过程的建立。

10.3 试题解析

一、选择题

【试题 1】 以下叙述中错误的是( )。

A. 下拉式菜单和弹出式菜单都用菜单编辑器建立

B. 在多窗体程序中,每个窗体都可以建立自己的菜单系统

C. 同一子菜单中的菜单项名称必须唯一,但不同子菜单中的菜单项名称可以相同

D. 如果把一个菜单项的Enabled属性设置为False,则该菜单项不可用

【分析】 在同一个窗体中建立的菜单,每一个菜单项的名称必须唯一。

【答案】 C

【试题2】 在用菜单编辑器设计菜单时,为了把组合键"Alt+O"设置为"打开(O)"菜单项的访问键,可以将该菜单项的标题设置为(　　)。

A. 打开(O&)　　B. 打开(&O)　　C. 打开(O#)　　D. 打开(#O)

【分析】 在输入菜单项时,如果在字母前加上"&",则建立该菜单的访问键,即通过"Alt+字母"打开菜单或执行菜单命令。

【答案】 B

【试题3】 窗体上有一个用菜单编辑器设计的菜单(见图10.2)。运行程序后,在窗体上右击,则弹出一个快捷菜单。以下叙述中错误的是(　　)。

A. 在设计"粘贴"菜单项时,在菜单编辑器窗口中设置了"有效"属性(有"√")

B. 菜单中的横线是在该菜单项的标题输入框中输入了一个"-"(减号)字符

C. 在设计"全选"菜单项时,在菜单编辑器窗口中设置了"复选"属性(有"√")

D. 在设计该弹出式菜单的主菜单项时,在菜单编辑器窗口中去掉了"可见"前面的"√"

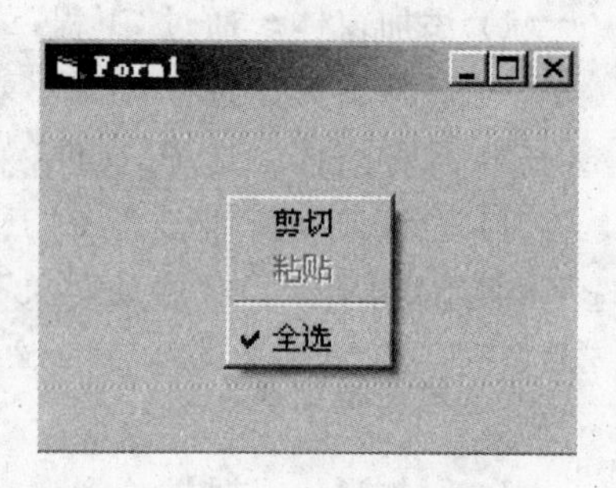

图10.2　快捷菜单程序界面

【分析】 菜单项如果不可用(呈灰色状),则菜单编辑器窗口中去掉了"有效"属性(有"√"),A选项错误。

【答案】 A

【试题4】 窗体上有1个名称为CD1的通用对话框、1个名称为Command1的命令按钮。命令按钮的单击事件过程如下:

```
Private Sub Command1_Click()
    CD1.FileName = ""
    CD1.Filter = "AllFiles| *. * |( *.Doc)| *.Doc|( *.Txt)| *.txt"
    CD1.FilterIndex = 2
    CD1.Action = 1
End Sub
```

以下叙述中错误的是(　　)。

A. 执行以上事件过程,通用对话框被设置为"打开"文件对话框

B. 通用对话框的初始路径为当前路径

C. 通用对话框的默认文件类型为 *.Txt

D. 以上代码不对文件执行读写操作

【分析】 通用对话框的Action值设置为1,则程序运行后,显示为打开文件对话框,A选项正确。FileName值设置为空字符串,所以初始路径为当前路径,B选项正确。FilterIndex值设置为2,则默认文件类型为"*.Doc",C选项错误。显示"打开文件"对话框不能真正打开文件,执行读写操作,D选项正确。

【答案】 C

【试题5】 下列关于通用对话框 CommonDialog1 的叙述中,正确的是(　　)。

A. 只要在"打开文件"对话框中选择了文件,并单击"打开"按钮,就可以将选中的文件打开

B. 要想显示"颜色"对话框只能使用 CommonDialog1. ShowColor 方法

C. Cancel 属性用于控制用户单击"取消"按钮关闭对话框时,是否显示出错警告

D. 为了设置或读取"颜色"对话框的 Color 属性,必须将 Flags 属性设置为 1

【分析】 "打开文件"对话框不能真正打开文件,A 选项错误。显示"颜色"对话框除了使用 CommonDialog1. ShowColor 方法外,还能用 CommonDialog1. Action＝3 实现,B 选项错误。C 选项应为 CancelError 属性,C 选项错误。

【答案】 D

【试题6】 以下叙述中错误的是(　　)。

A. 用 Hide 方法只是隐藏一个窗体,不能从内存中清除该窗体

B. 一个 Visual Basic 应用程序可以含有多个标准模块文件

C. 在一个窗体模块中可以调用在其他窗体中被定义为 Public 的通用过程

D. 如果工程中包含 Sub Main 过程,则程序将首先执行该过程

【分析】 Hide 方法用来隐藏窗体,从内存中清除一个窗体用 Unload 语句,A 选项正确。在一个 VB 工程文件中可以包含有多个窗体文件、多个标准模块文件和类模块文件,B 选项正确。在一个工程文件中,定义的 Public 类型的通用过程可以被工程中其他过程调用,C 选项正确。在标准模块中的 Sub Main 过程,设置为启动过程后,程序将首先执行此过程,D 选项错误。

【答案】 D

【试题7】 下列叙述中正确的是(　　)。

A. 在多窗体程序中,可以根据需要指定启动窗体

B. 标准模块中的任何过程都可以在整个工程范围内被调用

C. 标准模块文件可以属于某个指定的窗体文件

D. 如果工程中不包含 Sub Main 过程,则程序一定首先执行第一个建立的窗体

【分析】 标准模块中声明为 Private 的过程,只能被标准模块中的其他过程调用,不能被其他模块中的过程调用,B 选项错误。一个工程文件可由窗体模块、标准模块和类模块文件构成,它们三者相互独立,C 选项错误。在工程文件中设置为启动对象的窗体,程序运行后会首先执行,D 选项错误。

【答案】 A

【试题8】 假定一个工程由一个窗体文件 Form1 和两个标准模块文件 Model1 及 Model2 组成。Model1 的代码如下:

```
Sub Main()
   S1
End Sub
```

Model2 的代码如下:

```
Sub S1()
    ……
    S2
End Sub
Sub S2()
    ……
    Form1.Show
End Sub
```

其中 Sub Main 被设置为启动过程。程序运行后，各模块的执行顺序是(　　)。

A. Form1→Model1→Model2　　B. Model1→Model2→Form1

C. Model2→Model1→Form1　　D. Model2→Form1→Model1

【分析】 Sub Main 过程被设置为启动过程，所以其所在 Model1 模块先执行，Sub Main 过程中调用了 S1 过程，所以其所在模块 Model2 第二个被执行，其中 S2 被 S1 调用，在 S2 执行时，Form1 被显示，所以又执行 Form1 窗体模块。

【答案】 B

二、填空题

【试题 1】 在菜单编辑器中建立一个菜单，其主菜单项的名称为 MenuNew，Visible 属性为 False。程序运行后，如果右击窗体，则弹出与 MenuNew 相应的菜单。以下是实现上述功能的程序，请填空。

```
Private Sub Form_ 【1】 (Button As Integer, Shift As Integer, X As Single, Y As Single)
    If Button = 2 Then
       【2】  MenuNew
    End If
End Sub
```

【分析】 如果用鼠标右击窗体，则弹出与 MenuNew 相应的菜单，所以对应的是 Form 的 MouseUp 事件，【1】应填 MouseUp。与弹出式菜单相关联的 MouseUp(释放鼠标)事件过程，用 PopupMenu 方法，所以【2】应填 PopupMenu。

【答案】 【1】MouseUp【2】PopupMenu

【试题 2】 若要使得菜单编辑器中的已经建立好的某个菜单项向下移一个等级，应该先选中此菜单项，然后单击菜单编辑器中的 __【1】__ 按钮，这时在菜单项显示区的该菜单项左侧会出现 __【2】__ 。

【分析】 单击"→"按钮，就会使选中的菜单项向下移一个等级，这时在菜单项显示区该菜单项的左侧会出现内缩符号"....."。

【答案】 【1】→【2】内缩符号，即"....."

10.4 同步练习

一、选择题

1. 选中一个窗体，启动菜单编辑器的方法有(　　)。

A. 单击工具栏中的“菜单编辑器”命令按钮

B. 执行“工具”菜单中的“菜单编辑器”命令

C. 按 Ctrl＋E 组合键

D. 按 Shift＋Alt＋M 组合键

2. 在 VB 中要设置菜单项的快捷访问键，应使用(　　)符号。

A. &　　B. *　　C. $　　D. @

3. 现有一个菜单项 Menu1，若想在程序的运行过程中选中该菜单项，即在该菜单项前面显示“√”，应执行(　　)语句。

A. Menu1. Checked＝False　　B. Menu1. Checked＝True

C. Menu1. Enabled＝False　　D. Menu1. Enabled＝True

4. 在菜单编辑器中定义了一个菜单项，名为 Menu1。为了在程序运行时显示该菜单项，应使用的语句是(　　)。

A. Menu1. Enabled＝True　　B. Menu1. Enabled＝False

C. Menu1. Visible＝True　　D. Menu1. Visible＝False

5. 某顶级菜单项的热键字母为 F，以下(　　)等同于单击该菜单项。

A. 同时按下 Ctrl 和 F 键　　B. 按下 F 键

C. 同时按下 Alt 和 F 键　　D. 同时按下 Shift 和 F 键

6. 允许在菜单项的左边设置打钩标记，下面(　　)是正确的。

A. 在标题项中输入“&”然后打钩　　B. 在“索引”项中输入“√”

C. 在“复选”项中输入“√”　　D. 在“有效”项中输入“√”

7. 如果要在菜单中添加一个分隔线，则应将其 Caption 属性设置为(　　)。

A. ＝　　B. *　　C. &　　D. -

8. 假定有一个菜单项，名为 MenuItem，为了在程序运行时使该菜单项失效(变灰)，应使用的语句为(　　)。

A. MenuItem. Enabled＝False　　B. MenuItem. Enabled＝True

C. MenuItem. Visible＝False　　D. MenuItem. Visible＝False

9. 以下关于菜单的叙述中，错误的是(　　)。

A. 在程序运行过程中可以增加或减少菜单项

B. 如果把一个菜单项的 Enabled 属性设置为 False，则可删除该菜单项

C. 弹出式菜单在菜单编辑器中设计

D. 利用控件数组可以实现菜单项的增加或减少

10. 菜单控件只包含一个事件，即(　　)，当用鼠标单击或用键盘选中后按回车键触发该事件，除分隔条以外的所有菜单控件都能识别该事件。

A. GotFocus　　B. Load　　C. Click　　D. KeyDown

11. 在某菜单中，有一个菜单项内容(Caption)是“NEW”，名字(Name)是“Create”，则单击该菜单项所产生的事件过程应是(　　)。

A. Private Sub MnuNEW_Click()　　B. Private Sub Create_Click()

C. Private Sub NEW_Click()　　D. Sub Mnu_Create_Click()

12. 假定有如下事件过程：

```
Private Sub Form_MouseDown(Button As Integer, Shift As Integer, X As Single, Y As Single)
   If Button = 2 Then
      PopupMenu popForm
   End If
End Sub
```

则以下描述中错误的是(　　)。

A. 该过程的功能是弹出一个菜单

B. popForm 是在菜单编辑器中定义的弹出式菜单的名称

C. 参数 X、Y 指明鼠标的当前位置

D. Button = 2 表示按下的是鼠标左键

13. 关于通用对话框控件叙述中，不正确的是(　　)。

A. CommonDialog 控件是提供如打开和保存文件、设置打印机选项、选择颜色和字体等操作的一组标准对话框

B. 在运行 Windows 帮助引擎时，控件能够显示帮助信息

C. 控件显示的对话框可以由控件的方法决定

D. 设计时在窗体上将该控件显示成一个图标，此图标的大小可以调整

14. 将通用对话框控件 CommonDialog1 显示为打开文件对话框，可以改变该控件的(　　)属性。

A. Open　　B. FileName　　C. Action　　D. Filter

15. 在窗体上画一个名称为 CommonDialog1 的通用对话框，一个名称为 Command1 的命令按钮。要求单击命令按钮时，打开一个保存文件的通用对话框。该窗口的标题为"Save"，默认文件名为"SaveFile"，在"文件类型"栏中显示 *.txt。则能够满足上述要求的程序是(　　)。

A.
```
Private Sub Command1_Click()
    CommonDialog1.FileName = "SaveFile"
    CommonDialog1.Filter = "All Files|*.*|(*.txt)|*.txt|(*.doc)|*.doc"
    CommonDialog1.FilterIndex = 2
    CommonDialog1.DialogTitle = "Save"
    CommonDialog1.Action = 2
End Sub
```

B.
```
Private Sub Command1_Click()
    CommonDialog1.FileName = "SaveFile"
    CommonDialog1.Filter = "All Files|*.*|(*.txt)|*.txt|(*.doc)|*.doc"
    CommonDialog1.FilterIndex = 1
    CommonDialog1.DialogTitle = "Save"
    CommonDialog1.Action = 2
End Sub
```

C.
```
Private Sub Command1_Click()
    CommonDialog1.FileName = "Save"
    CommonDialog1.Filter = "All Files|*.*|(*.txt)|*.txt|(*.doc)|*.doc"
    CommonDialog1.FilterIndex = 2
```

```
    CommonDialog1.DialogTitle = "SaveFile"
    CommonDialog1.Action = 2
End Sub
```

D.
```
Private Sub Command1_Click()
    CommonDialog1.FileName = "SaveFile"
    CommonDialog1.Filter = "All Files|*.*|(*.txt)|*.txt|(*.doc)|*.doc"
    CommonDialog1.FilterIndex = 1
    CommonDialog1.DialogTitle = "Save"
    CommonDialog1.Action = 1
End Sub
```

16. 在窗体中添加一个通用对话框 CommonDialog1 和一个命令按钮 Command1，当单击命令按钮时打开颜色对话框，能实现此功能的程序段是(　　)。

A.
```
Private Sub Command1_Click()
    CommonDialog1.ShowOpen
End Sub
```

B.
```
Private Sub Command1_Click()
    CommonDialog1.ShowColor
End Sub
```

C.
```
Private Sub Command1_Click()
    CommonDialog1.ShowFont
End Sub
```

D.
```
Private Sub Command1_Click()
    CommonDialog1.ShowHelp
End Sub
```

17. 在用通用对话框控件建立"打开"或"保存"文件对话框时，如果需要指定文件列表框所列出的文件类型是 doc 文件，则正确的描述格式是(　　)。

A. "text(.doc)|*.doc"　　B. "文本文件(.doc)|(*.doc)"

C. "text(.doc)||(*.doc)"　　D. " text(.doc)(*.doc)"

18. 在窗体中添加一个名称为 CommonDialog1 的通用对话框、一个名称为 Command1 的命令按钮。单击命令按钮打开一个打开文件的通用对话框。该窗口的标题为"打开"，默认文件名为"t1.bmp"，在"文件类型"栏中有 3 类图形文件(WMF/BMP/JPG)。则能够满足上述要求的程序是(　　)。

A.
```
Private Sub Command1_Click()
    CommonDialog1.DialogTitle = "t1.bmp"
    CommonDialog1.Filter = "(*.wmf)|(*.bmp)|(*.jpg)"
    CommonDialog1.FileName = "打开"
    CommonDialog1.Action = 2
End Sub
```

B.
```
Private Sub Command1_Click()
    CommonDialog1. FileName = "t1.bmp"
    CommonDialog1.Filter = "(*.wmf)|(*.bmp)|(*.jpg)"
    CommonDialog1. DialogTitle = "打开"
    CommonDialog1.Action = 1
End Sub
```

C.
```
Private Sub Command1_Click()
    CommonDialog1. FileName = "t1.bmp"
    CommonDialog1.Filter = "WMF|(*.wmf)|BMP|(*.bmp)|JPG|(*.jpg)"
    CommonDialog1. DialogTitle = "打开"
    CommonDialog1.Action = 2
End Sub
```

D.
```
Private Sub Command1_Click()
    CommonDialog1. FileName = "t1.bmp"
    CommonDialog1.Filter = "WMF|*.wmf|BMP|*.bmp|JPG|*.jpg"
```

```
    CommonDialog1.DialogTitle = "打开"
    CommonDialog1.Action = 1
End Sub
```

19. 下面关于 Sub Main 过程的叙述中,正确的是(　　)。

A. Sub Main 是启动过程,它类似于 C 语言中的 Main 函数

B. 在一个含有多个窗体或多个工程的应用程序中,整个工程的执行一定从头开始

C. Sub Main 过程可以位于任意模块中

D. Sub Main 过程自动作为工程的启动过程

20. 一个工程中包含两个名称分别为 Form1、Form2 的窗体,一个名称为 Func 的标准模块,假定在 Form1、Form2 和 Func 中分别建立了自定义过程,其定义格式如下。

Form1 中定义的过程:

```
Private Sub Fun1()
  ……
End Sub
```

Form2 中定义的过程:

```
Public Sub Fun2()
  ……
End Sub
```

Func 中定义的过程:

```
Public Sub Fun3()
  ……
End Sub
```

在调用上述过程的程序中,如果不指明窗体或模块的名称,则以下叙述中正确的是(　　)。

A. 上述三个过程都可以在工程中的任何窗体或模块中被调用

B. Fun2 和 Fun3 过程能够在工程中各个窗体或模块中被调用

C. 上述三个过程都只能在各自被定义的模块中调用

D. 只有 Fun3 过程能被工程中各个窗体或模块调用

21. 如果一个工程含有多个窗体及标准模块,则以下叙述中错误的是(　　)。

A. 如果工程中含有 Sub Main 过程,则程序一定首先执行该过程

B. 不能把标准模块设置为启动模块

C. 用 Hide 方法只是隐藏一个窗体,不能从内存中清除该窗体

D. 任何时刻最多只有一个窗体是活动窗体

22. VB 的工程资源管理器可管理多种类型的文件,下面叙述不正确的是(　　)。

A. 窗体文件的扩展名为.frm,每个窗体对应一个窗体文件

B. 标准模块是一个纯代码性质的文件,它不属于任何一个窗体

C. 用户通过类模块来定义自己的类,每个类都用一个文件来保存,其扩展名为.bas

D. 资源文件是一种纯文本文件,可以用简单的文字编辑器来编辑

23. 当一个工程含有多个窗体时,其中的启动窗体是(　　)。

A. 启动 VB 时建立的窗体　　　　　　B. 第一个添加的窗体

C. 最后一个添加的窗体　　　　　　　　　　D. 在工程属性对话框中指定的窗体

24. 一个工程中包含两个名称分别为 Form1、Form2 的窗体，一个名称为 Func 的标准模块。假定在 Form1 和 Func 中分别建立了自定义过程，其定义格式如下。

Form1 中定义的过程：

```
Private Sub Fun1()
   ……
End Sub
```

Func 中定义的过程：

```
Private Sub Fun2()
   ……
End Sub
```

若要在窗体 Form2 中调用 Form1 和 Func 中分别建立的自定义过程，则调用格式正确的是(　　)。

A. Call Form1. Fun1()
   Func. Fun1()

B. Call Form1. Fun1()
   Call Fun1()

C. Form1. Fun1()
   Func. Fun1()

D. Fun1()
   Fun1()

二、填空题

1. 用 CommonDialog 打开“字体”对话框的方法是(　　)。

2. 在窗体上画 1 个命令按钮和 1 个通用对话框，名称分别为 Command1 和 CommonDialog1，然后编写如下事件过程：

```
Private Sub Command1_Click()
    CommonDialog1.DialogTitle = "打开文件"
    CommonDialog1.Filter = " 【1】 "
    CommonDialog1.InitDir = " 【2】 "
    CommonDialog1. 【3】
End Sub
```

该程序的功能是：程序运行后，单击命令按钮，将显示“打开文件”对话框，其标题是“打开文件”，在“文件类型”栏内显示“text(＊. txt)”，并显示 C 盘根目录下的所有文件，请填空。

3. 窗体中有一通用对话框 ComDialog1 和一个命令按钮 Command1，当单击命令按钮时打开“颜色”对话框。请在空白处将程序补充完整。

```
Private Sub Command1_Click()
     ComDialog1.(      )
End Sub
```

第11章 数据文件

11.1 知识点总结

11.1.1 文件概述

1. 文件结构

Visual Basic 中的文件由记录构成，记录由字段组成，字段由字符组成。字符是构成文件的最基本单位。

2. 文件种类

(1) 根据数据性质，文件可分为程序文件和数据文件。
(2) 根据数据的存取方式和结构，文件可分为顺序文件和随机文件。
(3) 根据数据的编码方式，文件可分为 ASCII 文件和二进制文件。

11.1.2 文件的打开与关闭

1. 数据文件的操作步骤

(1) 打开(或建立)文件。
(2) 进行读、写操作。
(3) 关闭文件。

2. 文件的打开

Visual Basic 用 Open 语句打开或建立一个文件，Open 语句的格式为：

```
Open 文件名 For 模式 As 文件号
```

其中，“文件名”是要打开或建立的文件的绝对路径。“模式”有 OutPut、Append、Input、Random、Binary 几种，各模式含义如下：

- OutPut 模式用来打开一个顺序文件，对它进行写操作会覆盖掉文件中的原有内容。常用于新建一个顺序文件。
- Append 模式用来打开一个顺序文件，以追加方式进行写操作。
- Input 模式用来打开一个顺序文件，对它进行读操作。

- Random 模式用来打开一个随机文件，对它进行读写操作，随机文件在文件号后要加记录长度，格式如下：

```
Open 文件名 For 模式 As 文件号[Len = 记录长度]
```

- Binary 模式用来打开一个二进制文件，对它进行读写操作。

3. 文件的关闭

用 Close 语句关闭文件，格式为：

```
Close 文件号
```

其中，“文件号”为可选项，代表文件号列表，例如：Close #1，#2，#3。如果文件号省略，则将关闭 Open 语句打开的所有活动文件。

11.1.3　文件操作语句和函数

1. EOF 函数

功能：当文件指针到达文件尾部时返回 True，否则返回 False。

格式：`EOF(文件号)`

说明：当用于顺序文件时，EOF 告诉用户文件指针是否已到达文件最后一个字符或数据项。

2. FreeFile 函数

功能：以整数形式返回 Open 语句可以使用的下一个有效文件号。

格式：`FreeFile[(文件号范围)]`

说明：“文件号范围”是一个可选参数，该参数值为 0 或默认时，返回可用文件号在 1～511 之间；该参数值为 1 时，返回可用文件号在 256～511 之间。

3. LOF 函数

功能：返回与文件号相关的文件的总字节数。

格式：`LOF(文件名)`

4. LOC 函数

功能：返回与文件号相关的文件的当前读写位置。

格式：`LOC(文件号)`

5. Seek 语句和 Seek 函数

Seek 函数用于返回文件指针的当前位置，格式为：

```
Seek(文件号)
```

Seek 语句用于将指定文件的文件指针设置在指定位置，以便进行下一次读或写操作，格式为：

```
Seek[#]文件号,位置
```

对于随机文件,"位置"是一个记录号；对于顺序文件,"位置"表示字节位置。

11.1.4 顺序文件

1. 写操作

(1) Print 语句

功能：将一个或多个数据写到顺序文件中。

格式：`Print  #文件号,[输出列表]`

说明：输出列表省略时("文件号"后面的逗号不可省略),向文件输出一个空行或者回车换行符；输出列表形式是：[表达式][分隔符],其分隔符可以是逗号或分号。打印格式分别对应分区格式或紧凑格式。

(2) Write 语句

功能：将一个或多个数据写到顺序文件中。

格式：`Write  #文件号,[输出列表]`

说明：Write 语句与 Print 语句功能基本相同,它们之间的主要差别如下。

① 用 Write 语句写到文件中的数据以紧凑格式存放,各数据项之间用逗号作为分隔符与用分号作为分隔符效果一样；且各数据项之间有一个逗号；Print 数据项间分隔符是空格。

② 用 Write 语句写到文件中的字符串,系统自动地在其首尾两边加上双引号作为字符串数据的定界符。

③ 用 Write 语句写到文件中的逻辑型数据,系统自动地在其首尾两边加上#号作为逻辑型数据的定界符,并且全都是大写字母。

2. 读操作

(1) Input 语句

功能：从一个打开的顺序文件中读取数据,并将这些数据赋值给相应的变量。

格式：`Input #文件号,变量表`

说明："变量表"由一个或多个变量组成,各变量之间用逗号分隔；文件中的数据项的类型应与变量表中对应变量的类型相同。但如果一个变量的类型是数值型的,而文件中对应的数据是非数值型的,则将 0 赋给这个变量。

(2) Line Input 语句

功能：从一个打开的顺序文件中读出一行数据赋给一个字符型变量或变体型变量。

格式：`Line Input #文件号,变量名`

注意：通常 Input 用来读出 Write 写入的记录内容,而 Line Input 用来读出 Print 写入的记录内容。

(3) Input $ 函数

功能：返回从指定文件中读出的 n 个字符的字符串。

格式：Input $ (n, # 文件号)

11.1.5 随机文件

1. 随机文件操作步骤

进行随机文件的存取操作，大致包括以下一些内容。

(1) 先使用 Type…End Type 语句定义一个记录类型(如 Numval)，该类型包括多个数据项，并与文件中记录中包括的域一致。

(2) 当通过 Dim 定义一个变量(如 nv)为一个记录类型 Numval 时，该变量也就包含该类型的多个数据项，以后可通过"变量.元素"的格式引用数据成员。

(3) 指定 Random 类型打开文件，记录定长，打开文件后，就可以存或取任一记录。

(4) 分别通过 Get 和 Put 语句，并通过指定记录号来读一个记录或存一个记录。

2. 写操作语句 Put

功能：把变量的值写入随机文件的记录中。

格式：Put # 文件号,[记录号],变量

3. 读操作语句 Get

功能：从一个随机文件中读出指定记录到一个变量。

格式：Get # 文件号,[记录号],变量

11.1.6 文件系统控件

Visual Basic 提供了 3 种直接浏览系统目录结构和文件的控件：驱动器列表框、目录列表框和文件列表框。

1. 驱动器列表框

(1) 重要属性——Drive

作用：设置或返回选择的驱动器，该属性在设计时不可用。

格式：对象.Drive [= 驱动器名]

(2) 重要事件——Change

在程序运行时，当选择一个新的驱动器或通过代码改变 Drive 属性的设置时，都会触发驱动器列表框的 Change 事件。

2. 目录列表框

目录列表框控件用来显示当前驱动器目录结构及当前目录下的所有子目录，供用户选择其中一个目录为当前目录。

(1) 常用属性——Path

作用：返回或设置当前路径，该属性在设计时是不可用的。

格式：对象.Path [= 字符串表达式]

其中，"字符串表达式"用来表示路径名。

(2) 重要事件——Change

在程序运行时，每当改变当前目录，即目录列表框的Path属性发生变化时，都要触发其Change事件。

3. 文件列表框

文件列表框控件用简单列表形式显示Path属性指定的目录中所有指定文件类型的文件。

(1) 常用属性

- Path属性：返回和设置文件列表框当前目录，设计时不可用。当Path值改变时，会引发一个PathChange事件。
- FileName属性：返回或设置被选定文件的文件名(不包括路径名)，设计时不可用。
- Pattern属性：返回或设置文件列表框所显示的文件类型。默认时表示所有文件。形式为：对象.Pattern [= Value]。其中Value是一个用来指定文件类型的字符串表达式，并可使用包含通配符("*"和"?")。
- Archive：True，只显示文档文件。
- Normal：True，只显示正常标准文件。
- Hidden：True，只显示隐含文件。
- System：True，只显示系统文件。
- ReadOnly：True，只显示只读文件。

(2) 主要事件

- PathChange事件：当路径被代码中FileName或Path属性的设置所改变时，触发此事件。可使用PathChange事件过程来响应文件列表框控件中路径的改变。
- PatternChange事件：当文件的列表样式(如"*.*")被代码中对FileName或Path属性的设置所改变时，触发此事件。可使用PatternChange事件过程来响应在文件列表框控件中样式的改变。
- Click、DblClick事件。

4. 文件系统控件的联动

要使驱动器列表框、目录列表框和文件列表框同步显示，需要编写代码才能实现。对应的事件过程如下：

```
Sub Drive1_Change()
    Dir1.Path = Drive1.Drive
End Sub
Sub Dir1_Change()
    File1.Path = Dir1.Path
End Sub
```

11.1.7 文件基本操作

1. 删除文件(Kill 语句)

功能：删除文件。

格式：**Kill PathName**

说明：PathName 中可以使用统配符"*"和"?"。

2. 拷贝文件(FileCopy 语句)

功能：复制一个文件。

格式：**FileCopy Source , Destination**

说明：FileCopy 语句不能复制一个已打开的文件。

3. 文件的更名(Name 语句)

功能：重新命名一个文件或目录。

格式：**Name OldpathName As NewpathName**

说明：(1) Name 具有移动文件的功能；(2) 不能使用统配符"*"和"?",不能对一个已打开的文件使用 Name 语句。

11.2 重点与难点总结

1. 顺序文件的打开及读写操作。
2. 随机文件的打开及读写操作。

11.3 试题解析

一、选择题

【试题 1】 以下叙述中正确的是(　　)。

A. 使用 Append 方式打开文件时,文件指针被定位于文件尾

B. 当以输入方式(Input)打开文件时,如果文件不存在,则新建一个文件

C. 以 Output 方式打开一个不存在的文件时,系统将显示出错信息

D. 以 Append 方式打开的文件,既可以进行读操作,也可以进行写操作

【分析】 以 Append 方式打开顺序文件,只能进行写操作,文件指针定位于文件尾,对文件执行写操作,写入的数据附加到原来文件的后面,A 选项正确,D 选项错误。以 Input 方式打开顺序文件,如文件不存在,则产生"文件未找到"错误,B 选项错误。以 Output 方式打开顺序文件,如果文件不存在,则建立相应的文件,C 选项错误。

【答案】 A

【试题 2】 以下叙述中错误的是(　　)。

A. 随机文件打开后,既可以进行读操作,也可以进行写操作

B. 顺序文件各记录的长度可以不同

C. 随机文件中,每个记录的长度可以不同

D. 顺序文件中的数据只能按顺序读写

【分析】 随机文件以 Random 方式打开,对文件可读可写,文件中记录的长度为定长,A 选项正确,C 选项错误。顺序文件各个记录的长度可以不相同,在进行读写操作时,要顺序进行读写,B 选项正确,D 选项正确。

【答案】 C

【试题 3】 以下叙述中错误的是(　　)。

A. 对同一个文件,可以用不同的方式和不同的文件号打开

B. 执行 Close 语句,可将文件缓冲区中的数据写到文件中

C. 执行打开文件的命令后,自动生成一个文件指针

D. LOF 函数返回指定的文件的当前读写位置

【分析】 对于顺序文件而言,为了满足不同的存取方式的需要,对同一个文件可以用几个不同的文件号打开,A 选项正确。文件打开后,自动生成一个文件指针,文件的读或写从指针所指的位置开始,C 选项正确。Close 语句用来关闭文件,把文件缓冲区中的所有数据写到文件中,B 选项正确。LOF 函数返回给文件分配的字节数(即文件的长度),LOC 函数返回指定的文件的当前读写位置,D 选项错误。

【答案】 D

【试题 4】 设有语句“Open "E:\Text.txt" For Output As #2”,以下叙述中错误的是(　　)。

A. 若 E 盘根目录下无 Text.txt 文件,则该语句创建此文件

B. 用该语句建立的文件的文件号为 2

C. 该语句打开 E 盘根目录下一个已存在的文件 Text.txt,之后就可以从文件中读取信息

D. 执行该语句后,就可以通过 Print# 语句向文件 Text.txt 中写入信息

【分析】 以 Output 方式打开文件,文件号为 2,如果指定位置中该文件不存在,则新建一个文件,对文件进行写操作,对应的写语句有 Write#、Print#语句。所以 C 选项错误。

【答案】 C

【试题 5】 假定在窗体(名称为 Form1)的代码窗口中定义如下记录类型:

```
Private Type Person
   PerName As String * 20
   PerSex As String * 10
End Type
```

在窗体上画一个名称为 Command1 的命令按钮,然后编写如下事件过程:

```
Private Sub Command1_Click()
   Dim People As Person
```

```
    Open "d:\vbText.dat" For Random As #1 Len = Len(People)
    People.PerName = "Jason"
    People.PerSex = "Male"
    Put #1, , People
    Close #1
End Sub
```

则以下叙述中正确的是(　　)。

A. 记录类型 Person 不能在 Form1 中定义,必须在标准模块中定义

B. 如果文件 d:\vbText.dat 不存在,则 Open 命令执行失败

C. 由于 Put 命令中没有指明记录号,因此每次都把记录写到文件的末尾

D. 语句"Put #1, , People"将 Person 类型的两个数据元素写到文件中

【分析】 记录类型通常在标准模块中使用,如果放在窗体模块中,则应加上关键字 Private,A 选项错误。以 Random 方式打开文件,如果文件不存在,则新建一个文件,B 选项错误。在该题中,People 是 Person 类型的变量,语句"Put #1, , People"将 Person 类型的一个数据 People 写到文件中,D 选项错误。

【答案】 C

二、填空题

【试题 1】 在名称为 Form1 的窗体上画一个文本框,其名称为 Text1,在"属性"窗口中把该文本框的 MultiLine 属性设置为 True,然后编写如下的事件过程:

```
Private Sub Form_Click()
        Dim str1 As string, str As string
        Open "d:\test1.txt" For Input As #1
        Do While Not  【1】
            Line Input #1,  str1
            str = str + str1 + Chr$(13) + Chr$(10)
        Loop
        Text1.Text = str
        Close #1
        Open "d:\test2.txt" For Output As #1
        Print #1,  【2】
        Close #1
End Sub
```

上述程序的功能是:把磁盘文件 test1.txt 的内容读到内存并在文本框中显示出来,然后把该文本框中的内容存入磁盘文件 test2.txt。请填空。

【分析】 Line Input 语句一行一行地读取顺序文件的内容,放到一个字符串变量中。在不知道文件的长度时,就可以用 Do While…Loop 循环语句读取全部内容,并且用 EOF 函数判断文件内容是否全部读完。EOF 函数的功能为当文件指针到达文件尾部时返回真,否则返回假。所以循环条件为 Not EOF(1),表示若文件指针没有到达文件结尾(即文件内容还没读完),则继续执行循环体语句,继续读下一行。所以【1】填 EOF(1)。用 Print # 语句向文件写数据,【2】填 str。

【答案】 【1】EOF(1)【2】str

【试题2】 在窗体上画一个名称为Drive1的驱动器列表框、一个名称为Dir1的目录列表框、一个名称为File1的文件列表框。当改变当前驱动器时，目录列表框应该与之同步改变。设置Drive1和Dir1同步的代码为【1】，对应的事件过程是【2】。当改变目录列表框的当前目录时，文件列表框应该与之同步改变。设置Dir1和File1同步的代码为【3】，对应的事件过程为【4】。

【分析】 当Drive1的当前驱动器改变时，Drive1的Drive属性就会改变，从而触发Drive1的Change事件。因此，Drive1和Dir1同步对应的事件过程为Drive1_Change，代码为Dir1.Path=Drive1.Drive。当改变目录列表框的当前目录时，Dir1的Path属性就会改变，从而触发Dir1的Change事件。因此，Dir1和File1同步对应的事件过程为Dir1_Change，代码为File1.Path=Dir1.Path。

【答案】 【1】Dir1.Path=Drive1.Drive【2】Drive1_Change【3】File1.Path=Dir1.Path【4】Dir1_Change

11.4 同步练习

一、选择题

1. 设有语句"Open "c:\Test.Dat" For Output As #1"，则以下叙述错误的是(　　)。

A. 该语句打开C盘根目录下一个已存在的文件Test.Dat

B. 该语句在C盘根目录下建立一个名为Test.Dat的文件

C. 该语句建立的文件的文件号为1

D. 执行该语句后，就可以通过Print #语句向文件Test.Dat中写入信息

2. 下面能够正确打开文件的一组语句是(　　)。

A. Open "data1" For Output As #5
　 Open "data1" For Input As #5

B. Open "data1" For Output As # 5
　 Open "data1" For Input As #6

C. Open "data1" For Input As #5
　 Open "data1" For Input As #6

D. Open "data1" For Input As #5
　 Open "data1" For Random As #6

3. 能判断是否到达文件尾的函数是(　　)。

A. BOF　　B. LOC　　C. LOF　　D. EOF

4. 在窗体中添加一个命令按钮Command1和一个文本框Text1，编写命令按钮Command1的Click事件代码如下：

```
Private Sub Command1_Click()
    Dim S As String * 20
    S = Text1.text
    ……
End Sub
```

该程序的功能是当单击命令按钮 Command1 时，把变量 S 中内容写入一个顺序文件 dat1.dat 中，正确的程序是（ ）。

A.
```
Open "dat1.dat" For Input As #1
  Write #1,S
  Close #1
```
B.
```
Open "dat1.dat" For Output As #1
  Write #1,S
  Close #1
```
C.
```
Open "dat1.dat" For Binary As #1
  Write #1,S
  Close #1
```
D.
```
Open "dat1.dat" For Random As #1
  Write #1,S
  Close #1
```

5. 设在工程中有一个标准模块，其中定义了如下记录类型：

```
Type Books
   Name As String * 10
   TelNum As String * 20
End Type
```

在窗体上建立一个名为 Command1 的命令按钮，要求单击命令按钮时，在顺序文件 P1.txt中写入一条记录。下列能够完成该操作的程序段是（ ）。

A.
```
Private Sub Command1_Click()
   Dim B As Books
   Open "d:\P1.txt" For Output As #1
   B.Name = InputBox("姓名")
   B.TelNum = InputBox("电话号码")
   Write #1, B.Name, B.TelNum
   Close #1
End Sub
```
B.
```
Private Sub Command1_Click()
   Dim B As Books
   Open "d:\P1.txt" For Input As #1
   B.Name = InputBox("姓名")
   B.TelNum = InputBox("电话号码")
   Write #1, B.Name, B.TelNum
   Close #1
End Sub
```
C.
```
Private Sub Command1_Click()
   Dim B As Books
   Open "d:\P1.txt" For Output As #1
   B.Name = InputBox("姓名")
   B.TelNum = InputBox("电话号码")
   Write #1, B
   Close #1
End Sub
```

D.
```
Private Sub Command1_Click()
    Open "d:\P1.txt" For Input As #1
    Name = InputBox("姓名")
    TelNum = InputBox("电话号码")
    Print #1, Name, TelNum
    Close #1
End Sub
```

6. 执行语句“Open "Tel.dat" For Random As #1 Len = 50”后，对文件 Tel.dat 中的数据能够执行的操作是(　　)。

A. 只能写，不能读　　B. 只能读，不能写

C. 既可以读，也可以写　　D. 不能读，不能写

7. 有语句“Open "f1.dat" For Random As #1 Len =15”，表示文件 f1.dat 每个记录的长度等于(　　)。

A. 15 个字符　　B. 15 个字节

C. 或小于 15 个字符　　D. 或小于 15 个字节

8. 设有如下的记录类型：

```
Type Student
    number As String
    name As String
    age As Integer
End Type
```

则正确引用该记录类型变量的代码是(　　)。

A. Student.name="张红"

B. Dim s As Student
   s.name="张红"

C. Dim s As Type Student
   s.name="张红"

D. Dim s As Type
   s.name="张红"

9. 以下能正确定义数据类型 TelBook 的代码是(　　)。

A.
```
Type TelBook
    Name As String * 10
    TelNum As Integer
End Type
```

B.
```
Type TelBook
    Name As String * 10
    TelNum As Integer
End TelBook
```

C.
```
Type TelBook
    Name String * 10
    TelNum Integer
End Type
```

D.
```
Typedef TelBook
    Name String * 10
    TelNum Integer
TelBook End Type
```

10. 窗体上有两个名称分别为 Text1、Text2 的文本框，一个名称为 Command1 的命令按钮。设有如下的类型声明：

```
Type Person
    name As String * 8
```

```
    major As String * 20
End Type
```

当单击命令按钮 Command1 时，将两个文本框中的内容写入一个随机文件 Test29. dat 中。设文本框中的数据已正确地赋值给 Person 类型的变量 p。则能够正确地把数据写入文件的程序段是(　　)。

A.
```
Open "c:\Test29.dat" For Random As #1
Put #1, 1, p
Close #1
```

B.
```
Open "c:\Test29.dat" For Random As #1
Get #1, 1, p
Close #1
```

C.
```
Open "c:\Test29.dat" For Random As #1 Len = Len(p)
Put #1, 1, p
Close #1
```

D.
```
Open "c:\Test29.dat" For Random As #1 Len = Len(p)
Get #1, 1, p
Close #1
```

11. 在窗体中添加两个文本框(Name 属性分别为 Text1 和 Text2)和一个命令按钮(Name 属性为 Command1)。设有以下的数据类型：

```
Type Student
    ID As Integer
    Name As String * 10
End Type
Dim stu As Student
```

程序运行后，文本框 Text1 中输入 ID，文本框 Text2 中输入 Name，当单击命令按钮时，将两个文本框内的内容写入一个随机文件 c:\f1. txt 中，能够正确实现上述功能的代码是(　　)。

A.
```
Private Sub Command1_Click()
    Open "c:\f1.txt" For Random As #1 Len = Len(stu)
    stu.ID = Val(Text1.Text)
    stu.Name = Text2.Text
    Put #1, 1, stu
    Close #1
End Sub
```

B.
```
Private Sub Command1_Click()
    Open "c:\f1.txt" For Random As #1 Len = Len(stu)
    stu.ID = Val(Text1.Text)
    stu.Name = Text2.Text
    Put #1, stu.ID, stu.Name
    Close #1
End Sub
```

C.
```
Private Sub Command1_Click()
    Open "c:\f1.txt" For Random As #1 Len = Len(stu)
    stu.ID = Val(Text1.Text)
```

```
    stu.Name = Text2.Text
    Write #1, 1, stu
    Close #1
End Sub
```

D.
```
Private Sub Command1_Click()
    Open "c:\f1.txt" For Random As #1 Len = Len(stu)
    stu.ID = Val(Text1.Text)
    stu.Name = Text2.Text
    Write #1, stu.ID, stu.Name
    Close #1
End Sub
```

12. 目录列表框的 Path 属性的作用是(　　)。

A. 显示当前驱动器或指定驱动器上的路径

B. 显示当前驱动器或指定驱动器上的某目录下的文件名

C. 显示根目录下的文件名

D. 只显示当前路径下的文件

13. 文件列表框的 Pattern 属性的作用是(　　)。

A. 显示当前驱动器或指定驱动器上的目录结构

B. 显示当前驱动器或指定驱动器上的某目录下的文件名

C. 显示某一类型的文件

D. 显示该路径下的文件

14. 在窗体上画一个名称为 Drive1 的驱动器列表框、一个名称为 Dir1 的目录列表框、一个名称为 File1 的文件列表框，两个标签名称分别为 Label1、Label2，标题分别为空白和"共有文件"(见图 11.1)。编写程序，使得驱动器列表框与目录列表框、目录列表框与文件列表框同步变化，并且在标签 Label1 中显示当前文件夹中文件的数量。能够正确实现上述功能的程序是(　　)。

图 11.1　文件系统控件程序界面(1)

A.
```
Private Sub Dir1_Change()
    File1.Path = Dir1.Path
End Sub
Private Sub Drive1_Change()
```

```
    Dir1.Path = Drive1.Drive
    Label1.Caption = File1.ListCount
  End Sub
```

B.
```
  Private Sub Dir1_Change()
    File1.Path = Dir1.Path
  End Sub
  Private Sub Drive1_Change()
    Dir1.Path = Drive1.Drive
    Label1.Caption = File1.List
  End Sub
```

C.
```
  Private Sub Dir1_Change()
    File1.Path = Dir1.Path
    Label1.Caption = File1.ListCount
  End Sub
  Private Sub Drive1_Change()
    Dir1.Path = Drive1.Drive
    Label1.Caption = File1.ListCount
  End Sub
```

D.
```
  Private Sub Dir1_Change()
    File1.Path = Dir1.Path
    Label1.Caption = File1.List
  End Sub
  Private Sub Drive1_Change()
    Dir1.Path = Drive1.Drive
    Label1.Caption = File1.List
  End Sub
```

15. 以下叙述中错误的是(　　)。

A. 用 Shell 函数可以调用能够在 Windows 下运行的应用程序

B. 用 Shell 函数可以调用可执行文件,也可以调用 Visual Basic 的内部函数

C. 调用 Shell 函数的格式应为:<变量名>=Shell(……)

D. 用 Shell 函数不能执行 DOS 命令

16. 下列关于文件的叙述中正确的是(　　)。

A. 二进制文件与随机文件类似,必须限制固定长度,可用喜欢的方式来存取文件

B. 按照文件的存取方式及组成结构可以分为两种类型:文本文件和随机文件

C. 文件是指存放在内部存储介质上的数据和程序等

D. 文件的基本操作指的是文件的删除、拷贝、移动、改名等

17. 对文件进行改名的操作是(　　)。

A. FileCopy　　B. Name　　C. ReName　　D. Kill

二、填空题

1. 根据数据的存取方式和结构,可将文件分为(　　)、(　　)和二进制文件。

2. Visual Basic 提供的对数据文件的三种访问方式为随机访问方式、(　　)和二进制访问方式。

3. 如果要在 d:\aaa 文件夹下新建一个顺序文件 abc.dat,Open 语句的完整格式应该

是：(　　)。

4. 对于随机文件，如果要实现写操作，应通过(　　)语句来实现；要实现读取数据的操作，应通过(　　)语句来实现。

5. 在窗体上画 1 个文本框，名称为 Text1，然后编写如下程序：

```
Private Sub Form_Load()
  Open "d:\temp\dat.txt" For Output As #1
  Text1.Text = ""
End Sub
Private Sub Text1_KeyPress(KeyAscii As Integer)
  If ____【1】____ Then
    If UCase(Text1.Text) = ____【2】____ Then
      Close #1
      End
    Else
      Write #1, ____【3】____
      Text1.Text = ""
    End If
  End If
End Sub
```

以上程序的功能是：在 D 盘 temp 目录下建立一个名为 dat.txt 的文件，在文本框中输入字符，每次按回车键(回车键的 ASCII 码是 13)都把当前文本框中的内容写入文件 dat.txt，并清除文本框中的内容：如果输入“END”，则结束程序。请将程序补充完整。

6. 设有以下程序：

```
Private Sub Form_Click()
   Dim a As String, b As Integer
   Dim sum As Integer, ave As Single
   Dim count As Integer
   Open "c:\data1.dat" For Input As #1
   Do While Not EOF(1)
      Input #1, a, b
      If Left(a, 1) = "李" Then
         Print a, b
         sum = sum + b
         count = count + 1
      End If
   Loop
   ave = sum/count
   ave = Int(ave * 10 + 0.5)/10
   Print "ave = ";ave
   Close #1
End Sub
```

已知在 c:\data1.dat 文件中数据如下：

张寇,78,李琳,80,王澜,56,司马,38,李晓,90,刘召,50,李名,45

单击窗体后程序的运行结果为(　　)。

7. 建立随机文件 TEST. DAT,存放学生姓名和总分,然后把该文件中的数据读出显示。请将程序补充完整。

```
Private Type Record
   Student As String * 20
   Score As Single
End Type
Dim Class As Record
Private Sub Form_Click()
   Open "TEST.DAT" For ___【1】___ As #1 Len = Len(Class)
   Class.student = "LiuMin"
   Class.Score = 596
   ___【2】___
   Close #1
   Open "TEST.DAT" For Random As #1 Len = Len(Class)
   ___【3】___
   Print "STUDENT: " , Class.Student
   Print "SEORE: " , Class.Score
   Close #1
End Sub
```

8. 以下程序的功能是:把当前目录下的顺序文件 smtext1. txt 的内容读入内存,并在文本框 Text1 中显示出来。请将程序补充完整。

```
Private Sub Command1_Click()
   Dim inData As String
   Text1.Text = ""
   Open "smtext1.txt" ___【1】___ As #1
   Do While ___【2】___
      Input #1, inData
      Text1.Text = Text1.Text & inData
   Loop
   Close #1
End Sub
```

9. 设在工程中有一个标准模块,其中定义了如下记录类型:

```
Type Books
   Name As String * 10
   Telnum As String * 20
End Type
```

在窗体上画一个名为 Command1 的命令按钮,要求当执行事件过程 Command1_Click 时,在顺序文件 Person. txt 中写入一条记录。请将程序补充完整。

```
Private Sub Command1_Click()
   Dim B As ___【1】___
   Open "c:\Person.txt" For Output As #1
   B.Name = InputBox("输入姓名")
   B.TelNum = InputBox("输入电话号码")
   ___【2】___ , B.Name , B.TelNum
```

```
    Close #1
End Sub
```

10. 下面程序的功能是：输入一个字符串，在“d:\f1.dat”文件中查找输入的字符串是否存在，若存在，则输出“找到字符串”，否则输出“没找到字符串”。请将下列程序补充完整。

```
Private Sub Form_Load()
    a$ = InputBox("请输入要查找的字符串")
    Open "d:\f1.dat" For 【1】 As #1
    b$ = Input(LOF(1), 1)
    【2】
    y = InStr(1, b$, a$)
    If y <> 0 Then
        Print "找到字符串"; a$
    Else
        Print "没找到字符串"; a$
    End If
End Sub
```

11. 窗体中有一组文件系统控件，分别是驱动器列表框 Drive1、目录列表框 Dir1 和文件列表框 File1，在它们下面有一个图片框 Pic1(见图 11.2)。要求选择一个 BMP 文件(即单击文件列表框中的某个 BMP 文件)时，将该文件显示在图片框中。请将程序补充完整。

图 11.2　文件系统控件程序界面(2)

```
Option Explicit
Private Sub File1_Click()
    Dim fn As String
    If Len(Dir1.Path) = 3 Then
        Fn = Dir1.Path + File1.FileName
    Else
        Fn = Dir1.Path & "\" & 【1】
    End If
    Pic1.AutoSize = True
    Pic1.ScaleMode = vbPixels
    Pic1.Picture = 【2】
End Sub
Private Sub Form_Load()
    File1.FileName = "*.bmp"
End Sub
Private Sub Dir1_Change()
    File1.Path = Dir1.Path
End Sub
Private Sub Drive1_Change()
    Dir1.Path = Drive1.Drive
End Sub
```

参考答案

第1章

一、选择题				
1～5 CCDCB	6～10 CDADB			

第2章

一、选择题				
1～5 BBDBB	6～10 CBABA	11～15 CACAC	16 D	
二、填空题				
1. 面向对象　事件驱动编程机制		2. 事件	3. 注释语句	4. End

第3章

一、选择题				
1～5 BDDBA	6～10 CCBDC	11～15 BBADD	16～20 ABACB	21～25 CABCC
26～30 DBCDC	31～35 ADACA	36～40 CBAAD	41～45 DADDB	46～50 DCDBD
51～55 ADBDB	56～60 CDABC	61～65 BBCDA	66～70 CADBC	71～72 AB
二、填空题				
1. Picture	2. Show	3. 确定(&E)　Default　True		4. Enabled
5. Interval	6. Timer	7. Additem	8. 组合框	9. 下拉式列表框
10. Clear	11. 1	12. Picture1.Picture = LoadPicture("d:\pic\a.jpg")		
13. 直线　矩形				
14. A AB ABC	15. 努力	16. ABC　VB	17. Command1.Enabled=True Command1.Enabled=False	
18. 1000　True　Time		19. True　Unload　Timer　i		20. 1　Italic　Bold　End
21. Combo1.ListIndex　FontName				
22. KeyAscii As Integer　Combo1.List(i)　Additem				
23. 0　List1.ListIndex　List1.ListCount			24. VB程序设计　VBProgramming	

第 4 章

1.
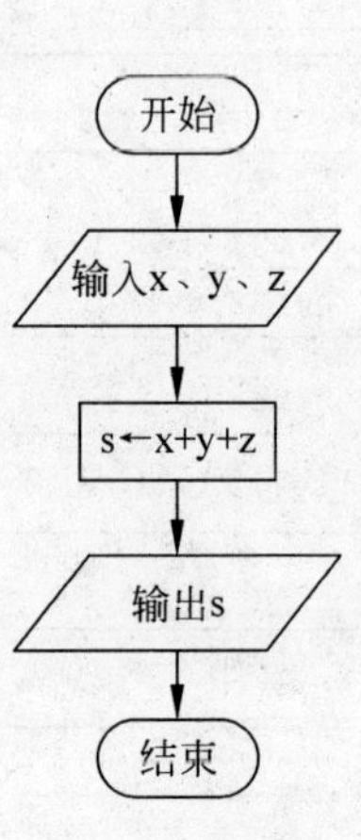开始 输入x、y、z s←x+y+z 输出s 结束
2.
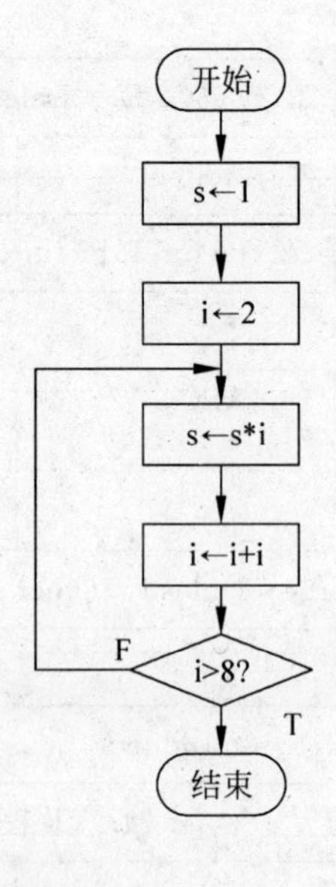开始 s←1 i←2 s←s*i i←i+i i>8? F T 结束

3.

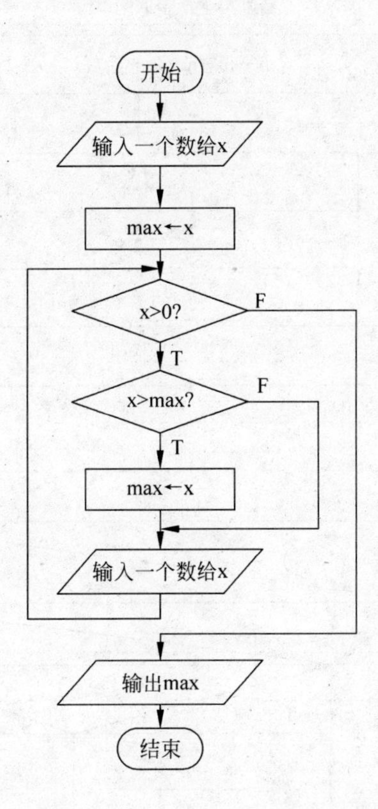
开始
输入一个数给x
max←x
x>0?
F
T
x>max?
F
T
max←x
输入一个数给x
输出max
结束

4.

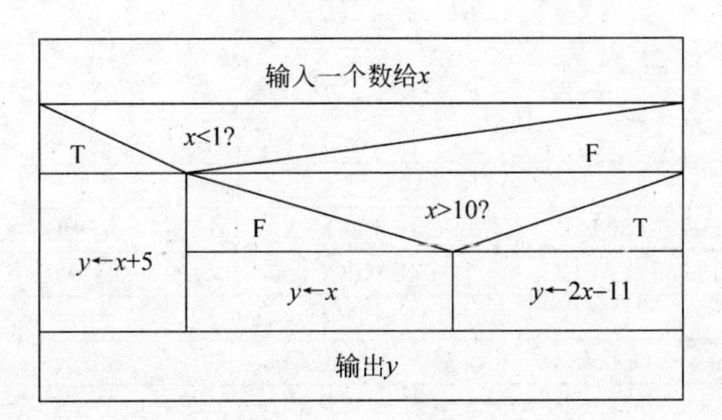
输入一个数给x
x<1?
T
F
x>10?
F
T
y←x+5
y←x
y←2x−11
输出y

5.

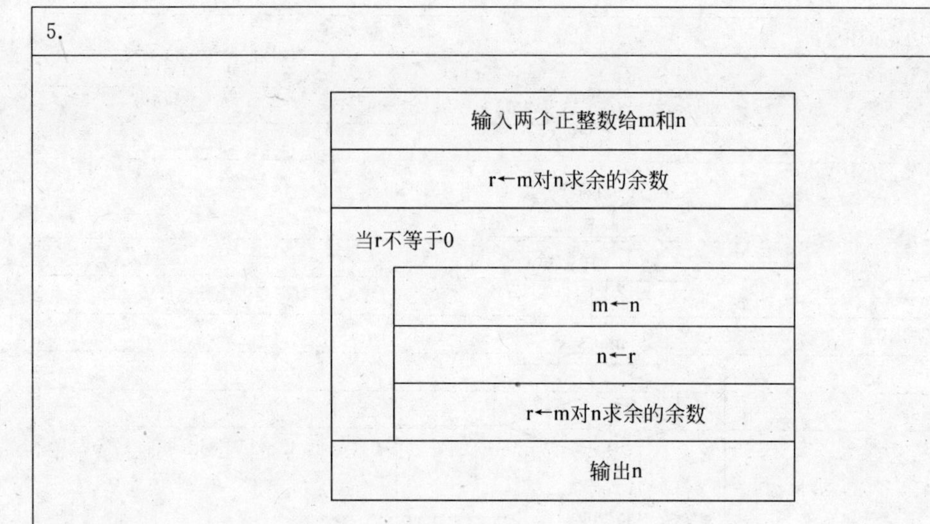

6.

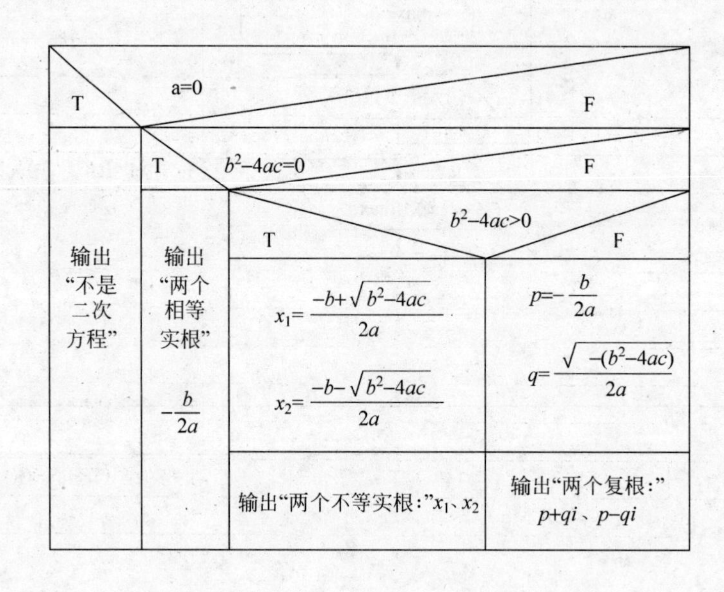

第5章

一、选择题				
1～5 BCABA	6～10 DBDBB	11～15 BDDAA	16～20 ADBBC	21～25 ABACD
26～30 CDDDC	31～35 AACCC	36～40 CBCCA	41～45 ABABD	

二、填空题			
1. Integer　Long　Single　Double		2. Abs(x+y)+z^5+(10*x+Sqr(3*y))/(x*y)	
3. (-b+Sqr(b*b-4*a*c))/(2*a)-Sin(45/180*3.14)+(Exp(10)+Log(10))/Sqr(x+y+1)			
4. 521	5. 2009-11-12	6. 12	7. 变体
8. Int((26-15+1)*Rnd+15)	9. Int(Rnd*90+10)	10. Int(x*100+0.5)/100	
11. 25+32=57	12. 66	13. “10”	

三、计算下列表达式的值				
1. False	2. 4.5	3. 2	4. 7	5. −1(True)
6. False	7. True	8. 2009-9-30	9. SFRT567	10. abc 8
11. abc89				

第6章

一、选择题			
1～5 ADDAB	6～10 DADAA	11～15 CCAA CD	16～20 CCDCB
21～25 BC BCC BD	26～30 CAABB	31 AAB	

二、填空题			
1. MsgBox False	2. 5	3. 15	4. 9
5. 6			
6. 8	7. 5555555555 44444444 333333 2222 11	8. n While n＜17	9. Text1. Text Mid(x,i,1) m
10. Rnd x Mod 5 x	11. Val(txtScore. Text) score＜0 Or score＞100 9,10		
12. b * b − 4 * a * c Else			
13. Len(strfind) Len(Text1. Text) − length + 1 strfind sum = 0 sum			
14. “123456789”	15. “中国” True “金山” “江苏”		

第7章

一、选择题				
1～5 DBBBA	6～10 ACBBB	11～15 ABBDC	16～19 CDCC	20 AADBB

二、填空题				
1. 变体	2. 7	3. 64	4. 21	5. ReDim Preserve ary(15)
6. 1 5 9	7. max max = arr1(i)			
8. i ＞ a(p) = t	9. 2(回车)3	10. 1 To UBound(a) − 1 i + 1 To UBound(a) Next i		
11. Int(Sqr(a)) m(n) = a i Mod 4 ＜＞ 0				

第8章

一、选择题				
1～5 BDCCB	6～10 ABABD	11～15 B BA DBD	16～20 ACDBC	21～25 CCBBA
26～27 CB				

二、填空题		
1. 局部变量 模块级变量 全局变量	2. 事件过程 子(程序)过程 函数过程	
3. 10 10 30		
4. 30 70	5. 2 4 6 8	6. 5
7. x = 0 y = 1 x = 2 y = 1 x = 2 y = 2 x = 4 y = 2	8. 33 求 x 的阶乘	

9. s=6 s=6 s=7	10. x=1 y=1 z=1 x=2 y=2 z=2	11. s=1 s=2 s=5 s=20
12. 2 End	13. Dim f As Single j temp = 1 I = 1 To n f = temp	
14. Int(Rnd * 997 + 3) a(i) b(i), b(j) i Mod 5 = 0 Isprime = True		

第9章

一、选择题				
1～5 ACBBC	6～10 ADDCB			
二、填空题				
1. Alt键和Crtl键	2. Command1. Move X,Y			
3. Text1. Tag UCase(Text1. Tag) Click()				

第10章

一、选择题				
1～5 DABCC	6～10 CDABC	11～15 BDDCA	16～20 BADAB	21～24 ACDC
二、填空题				
1. ShowFont	2. text(*.txt)|*.txt c:\ ShowOpen	3. ShowColor		

第11章

一、选择题				
1～5 ABDBA	6～10 CBBAC	11～15 AACCB	16～17 DB	
二、填空题				
1. 顺序文件 随机文件	2. 顺序访问方式			
3. Open "d:\aaa\abc.txt" For Output As #1				
4. Put Get	5. KeyAscii=13 "END" Text1	6. 李琳 80 李晓 90 李名 45 ave=71.7		
7. Random Put #1, , Class Get #1, , Class	8. For Input Not EOF			
9. Books Write #1	10. Input Close #1			
11. File1. List(File1. ListIndex) LoadPicture(fn)				

参 考 文 献

1. 教育部考试中心.全国计算机等级考试二级教程——Visual Basic 语言程序设计(2008 年版). 北京：高等教育出版社,2008
2. 全国计算机等级考试命题研究组,新思路教育科研研究中心. 全国计算机等级考试零起点一本通——二级 Visual Basic. 北京：化学工业出版社,2008